K. Kaiser
K. Hauptmann
W. Schäfer

Halbleitertechnologie
Stand und
Entwicklungstendenzen

Mikroelektronik

Band 2

Karlheinz Kaiser
Karl Hauptmann
Wolfgang Schäfer

Halbleitertechnologie Stand und Entwicklungstendenzen

Ein Überblick über Trends auf dem Technologie- und Designsektor

Hüthig Buch Verlag Heidelberg

Die Verfasser sind Mitarbeiter der Firma Telenorma in Frankfurt am Main.

Anschrift: Dipl.-Ing. Karlheinz Kaiser
Dipl.-Ing. Karl Hauptmann
Dr. Wolfgang Schäfer

Telenorma
Zentrale Entwicklung
Postfach 10 21 60

6000 Frankfurt/M.

CIP-Titelaufnahme der Deutschen Bibliothek

Kaiser, Karl-Heinz:
Halbleitertechnologie : Stand und Entwicklungstendenzen ; ein Überblick über Trends auf dem Technologie- und Designsektor / Karlheinz Kaiser ; Karl Hauptmann ; Wolfgang Schäfer. – Heidelberg : Hüthig, 1989
(Mikroelektronik ; Bd. 2)
ISBN 3-7785-1911-5
NE: Hauptmann, Karl:; Schäfer, Wolfgang:; GT

VORWORT

Die vorliegende Ausarbeitung "Halbleitertechnologien - Stand und Entwicklungstendenzen" beruht auf einer im Laufe des vergangenen halben Jahres bei TELENORMA durchgeführten Studie. Ziel der Untersuchung war es, eine möglichst umfassende Übersicht der verfügbaren ASIC-Technologien zu erhalten, wobei die Anforderungsschwerpunkte Komplexität und Schaltgeschwindigkeit im Vordergrund standen.

Die Ausarbeitung gliedert sich in acht Kapitel, von denen vier den Schwerpunkten CMOS-, Bipolar-, Silizium-Kombinationstechnologien und GaAs vorbehalten sind. In den restlichen Kapiteln werden die für die Chipverpackung zur Verfügung stehenden Gehäuseformen, Verpackungsprobleme bei Hochgeschwindigkeitstechnologien, Anforderungen an den Schaltungsentwurf und die zunehmende Bedeutung testfreundlicher Designmethoden diskutiert. Der Bericht schließt mit einer Betrachtung zur generellen Problematik der Strukturverkleinerung in der Halbleitertechnologie.

Die Autoren danken der Firma TELENORMA für die Möglichkeit die erarbeiteten Ergebnisse zu veröffentlichen sowie dem Lektor für Fachbücher Elektrotechnik/Elektronik des Dr. Alfred Hüthig Verlages, Herrn Prof.Dr.M.Bleicher für seine Unterstützung bei der Endabfassung und -gestaltung des Manuskriptes.

Die der Studie zugrundeliegenden Informationen basieren auf öffentlich zugänglichen Quellen und eigenen Erfahrungen.

Frankfurt am Main, im August 1989

Die Autoren

Inhaltsverzeichnis

1 CMOS-TECHNOLOGIE

1.1 ALLGEMEINES

Bei der CMOS-Technologie (Complementary Metal Oxide Semiconductor) handelt es sich ursprünglich um eine aus PMOS heraus entstandene Technologie. Seit etwa 10 Jahren werden jedoch immer häufiger (auch wegen der einfacheren Prozeßabfolge) CMOS-Prozesse verwendet, die aus dem NMOS-Bereich abgeleitet wurden.

Ein Signalhub über den vollen Versorgungsspannungsbereich und damit ein guter Störabstand bei niedrigem Leistungsverbrauch erlauben die Realisierung höchstintegrierter Schaltungen bis in den 100.000 Gatter-Bereich.

Design-Automation und die Unterstützung der Kunden mit gutsortierten Bauelemente- und Makrozellenbibliotheken haben der CMOS-Technologie einen breiten Anwenderkreis erschlossen.

Die statische CMOS-Technologie ist wegen des einfachen Designablaufs hervorragend für automatisierte Entwurfsverfahren geeignet. NMOS-wie PMOS-Transistoren haben einheitliche Längen-/Breiteverhältnisse und können im Gegensatz zur NMOS-Technologie nach einfachen Designregeln zu komplexen Gattern verschaltet werden. Als Nachteil ist hierbei zu vermerken, daß die logische Funktion quasi doppelt implementiert werden muß - je einmal im NMOS- und im PMOS-Zweig - woraus eine geringere Bauelementedichte als bei NMOS und eine größere Prozeßkomplexität resultieren.

Da die Vorteile bei CMOS sonst jedoch überwiegen, konnte sie sich als meistverbreitete Technologie für digitale Schaltungen etablieren (NMOS hat zwar vom Prinzip her die größeren Möglichkeiten, aber der prozeßtechnische Aufwand für skaliertes NMOS im 1-2um Bereich steigt - z.B. wegen notwendiger Mehrfach-Thresholdspannungen, vergrabener Kontakte oder auch der Schutzmaßnahmen gegen Durchbruch - sehr stark an).

Die Verbesserung der Geschwindigkeiten und der Integrationsdichte von CMOS-Schaltungen wird in erster Linie durch die Reduzierung der Transistorgrößen erreicht. Hierbei reduzieren sich die parasitären Kapazitäten des Transistors, und bei verringerter Gateoxiddicke und günstigeren Länge-/Breiteverhältnissen des Kanals (W/L) können die Steilheit und das Power-Delay-Produkt gesteigert werden. Es dürfen allerdings gewisse Grenzfeldstärken im Source-Drain-Gebiet nicht überschritten werden, da sonst parasitäre Effekte stark in den Vordergrund treten.

Im Submikrometerbereich sind dies vor allem Hot-Electron-Effekte und der Source-Drain-Durchschlag (Punch-Through). Durch den CMOS-Wannenaufbau ergibt sich weiterhin eine ungewollte PNPN-Struktur, die besonders im Submikrometerbereich beachtet werden muß. Dieser parasitäre "Thyristor" kann in nicht "latchup"-geschützten Schaltkreisen bei Zündung Infunktionalität oder sogar thermische Zerstörung zur Folge haben.

Bei sehr kleinen Geometrien im 0,1um-Bereich (mit Gateoxiden dünner als 10nm) kann es außerdem zur Durchtunnelung des Gateoxids kommen. Die feldstärkebedingten Effekte können durch veränderte Transistorstrukturen (Lightly Doped Drain/LDD) oder durch eine Versorgungsspannungsreduzierung vermieden werden. Dem Latchup kann mit höher dotierten Substraten, durch Einführung von zusätzlichen Epitaxieschichten oder durch modifizierte Isolationstechniken (Trenchisolation, Guardrings sowie evtl. SOS/SOI) begegnet werden.

1.2 CMOS-SCHALTUNGSSTRUKTUREN

CMOS-Schaltungen haben einen sehr hohen Bekanntheitsgrad und eine weite Verbreitung erlangt, weshalb auf die prinzipielle Funktion statischer Logik in dem folgenden Kapitel nur kurz eingegangen werden soll.

Dynamische Schaltungstechniken, die Platz- und Leistungsersparnis bei gleichzeitig verbesserter Performance bringen können, werden in der Regel nur in Vollkundenschaltkreisen und in bestimmten Applikationen häufiger eingesetzt. Wegen ihrer interessanten Eigenschaften werden sie in Kap.1.2.2 näher betrachtet.

In Kap.1.2.3 wird auf die Besonderheiten bei der Realisierung von CMOS in Semicustom-Schaltkreisen eingegangen.

1.2.1 STATISCHE LOGIK

Statische CMOS-Logik wird in der Mehrzahl aller CMOS-Schaltkreise verwendet. Sie leitet sich aus der NMOS-Logik ab, wenn man den Depletionlasttransistor durch PMOS-Transistoren ersetzt. Da die logische Verknüpfung, im Gegensatz zu NMOS, jedoch zweimal realisiert werden muß, resultiert hieraus die doppelte Transistorzahl (2n bei CMOS gegenüber n+1 bei NMOS).

Da geringe Unsymmetrien bei den Schaltzeiten (steigende/fallende Flanke) toleriert werden können, bietet CMOS einen entscheidenden Vorteil: Mit Transistoren einheitlicher Baugröße können nach standardisierten Verfahren komplexe logische Netze aufgebaut werden (gleiches W/L - ratioless circuits), was als eine wesentliche Voraussetzung für die Automatisierung des Designablaufs und die Verwendung von vorgefertigten Wafern (Gate-Arrays) anzusehen ist.

Weitere Vorteile sind der große Signalhub und ein entsprechend großer Störabstand, die geringe Leistungsaufnahme im statischen Zustand, die quasisymmetrische Transferkennlinie und ein großer Versorgungsspannungsbereich.

Grundstrukturen in CMOS–Technologie, wie z.B. NAND und NOR sind im Vergleich zu entsprechenden NMOS-Gattern in Abb.1.1 dargestellt.

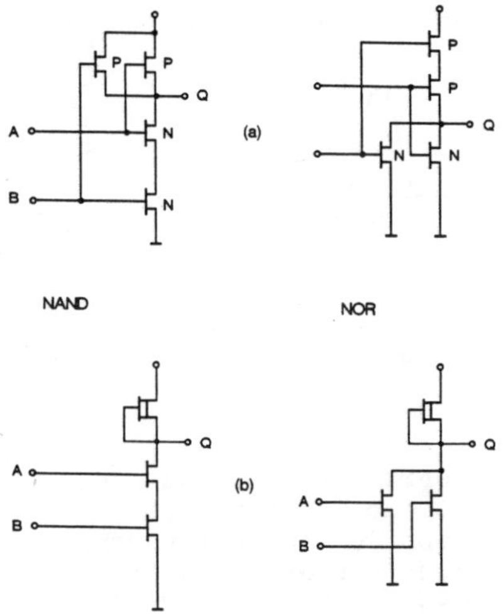

Abb.1.1 Grundgatter in (a) CMOS- und (b) NMOS-Technologie

Aufgrund der komplementären Logik besitzen CMOS-Gatter die doppelte Eingangskapazität und damit einen Geschwindigkeitsnachteil gegenüber NMOS, die Schaltzeiten bei PMOS- und NMOS-Transistoren unterscheiden sich um den Faktor 2 bis 3.

Letzteres kann bei Grundgattern zu Zeitdifferenzen führen (fallende Flanke schneller), die sich jedoch durch ein geschicktes Design bei komplexeren Gattern reduzieren lassen, wenn dies erforderlich ist.

Gatter, bei denen viele PMOS-Transistoren in Serie geschaltet sind (z.B. NOR) sollte man für schnelle Schaltungen aus den genannten Gründen möglichst nicht verwenden.

Eine weitere Möglichkeit, die Eigenschaften von PMOS und NMOS möglichst anzugleichen, ist die Wahl einer entsprechenden Wannentechnologie (z.B. Twin Well).

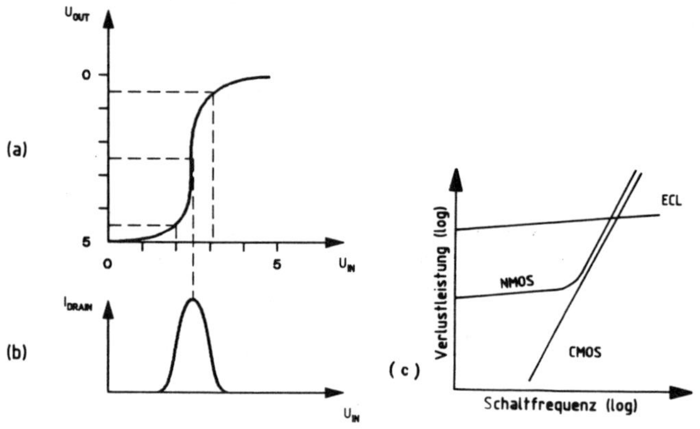

Abb.1.2 (a)Übertragungskurve, (b)Drainstrom (CMOS Inverter), (c)Leistungsverbrauch gegenüber Schaltfrequenz

CMOS-Gatter nehmen nur während des Schaltwechsels Leistung auf (Leckströme unberücksichtigt). Die Leistungsaufnahme hängt außer von der Versorgungsspannung und den Transistorgeometrien auch von den Schaltzeiten des Eingangssignals und der Impedanz des Lastknotens (Verdrahtungsanteil und Eingangsimpedanz des folgenden Gatters) ab. Transferkennlinie und Stromaufnahme eines CMOS-Gatters sind in Abb.1.2 gezeigt. Der Stromimpuls resultiert aus den Umladeströmen und aus einem Querstrom durch die Transistoren, die sich zum Schaltzeitpunkt in einem "halb durchgeschalteten" Zustand befinden. Die Leistungsaufnahme errechnet sich (vereinfacht) nach:

$$P = f * C * U \; Exp \; 2$$

(f=Schaltfrequenz, C=Lastkapazität, U=Versorgungsspannung)

Mit Gattern in 2um-Technologie können z.B. Verlustleistungsraten kleiner 20uW/Gate/MHz (2-Inp. NAND) erreicht werden.

1.2.2 DYNAMISCHE LOGIK

Durch die Verwendung von dynamischer Logik können die Geschwindigkeit (um einen Faktor größer 2)und Integrationsdichte von CMOS-Schaltungen wesentlich erhöht werden.

Zum Betrieb solcher Schaltungen sind zusätzliche Taktsignale (Zweiphasen- bzw. Vierphasentakt) notwendig. Für die Realisierung einer logischen Grundfunktion mit n Eingängen werden bei einfacher dynamischer Logik n+2 Transistoren benötigt, da z.B. nur der NMOS-Pfad der entsprechenden statischen Logik realisiert werden muß (siehe Abb.1.3). Durch die reduzierten Eingangskapazitäten wird die Schaltung wesentlich schneller.

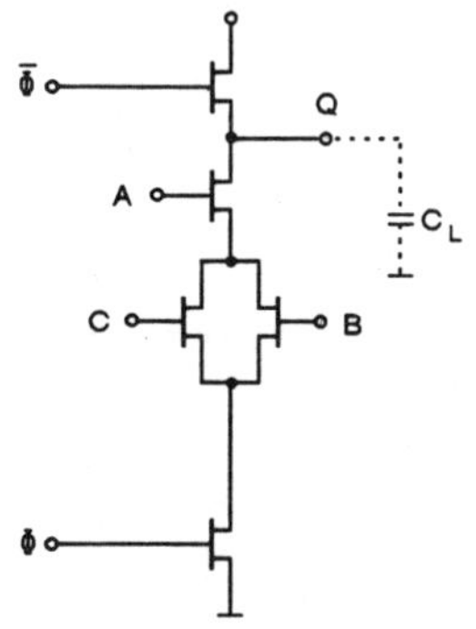

Abb.1.3 Dynamisches CMOS-Gatter (AND-OR-INVERT)

Die Bildung der logischen Funktion vollzieht sich in zwei Schritten: Während der Precharge-Phase wird der Lastkondensator auf Vcc geladen, während der Evaluation-Phase kann der logische Pegel am Ausgang abgefragt werden. Werden mehrere dynamische Blöcke hintereinander geschaltet, so kann für den Takt durch die endlichen Delay-Zeiten im Datenpfad eine Race-Bedingung auftreten, was sich allerdings durch die sogenannte Domino-Logik vermeiden läßt. Durch die Einfügung von statischen Invertern wird hier die Blocktiefe auf z.B. 2 dynamische Blöcke begrenzt (Abb.1.4). Da die Takte in der Regel an alle Blöcke herangeführt werden müssen, eignet sich dynamische Logik nicht für alle Anwendungen. Ideal verwirklichen lassen sich allerdings kompakte und reguläre Strukturen, wie Registerketten und Rechenwerksteile.

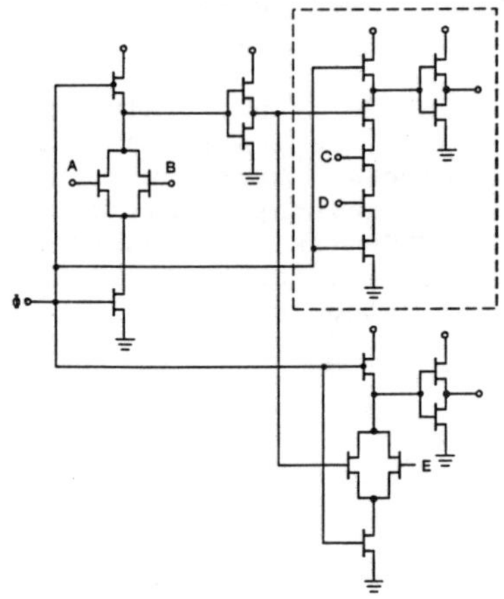

Abb.1.4 DOMINO-Logik-Blöcke in CMOS

Nachteilig wirken sich einige parasitäre Effekte auf die Realisierung dynamischer Logik aus: Transistorleckströme erfordern eine Mindesttaktfrequenz; Parasitäre Kapazitäten verringern durch Ladungsverteilung den Störabstand; Koppelkapazitäten beeinflussen ebenfalls die Signalgüte. Wegen der kritischen Layoutforderungen eignet sich dynamische Logik nur für Vollkundendesigns.

1.2.3 REALISIERUNGSFORMEN DER CMOS-LOGIK IM SEMICUSTOM-BEREICH

Es gibt verschiedene Realisierungsformen von CMOS im Semicustombereich:

Programmierbare Logikbausteine sind eine Vorstufe zu integrierten Kundenschaltkreisen. Sie werden wie EPROMS, durch das Auftrennen von metallischen Verbindungen (fusable links, PAL) oder auch durch das Laden von Konfigurationsdaten (LCA) programmiert. Die Freiheitsgrade des Entwicklers sind allerdings eingeschränkt, da die Grundstruktur der Chips weitgehend festliegt. Spitzenprodukte auf diesem Sektor erreichen Integrationsgrade von 9000 Gatteräquivalenten (XILINX). Diese Bausteine können gewinnbringend z.B. auch als Silicon-Breadboard eingesetzt werden.

Gate-Arrays benutzen vorgefertigte Wafer zur Verkürzung des Designzyklus und zur Verringerung der Entwicklungskosten. Kundenspezifisch sind nur die zur Verdrahtung notwendigen Prozeß-Schritte (Metallisierung/Kontaktlochmaske), der darauffolgende Test und das Packaging. Hersteller bieten meist Gate-Array-Familien in verschiedenen Größenstaffelungen an. Der Designablauf erfolgt nach standardisierten und automatisierten Entwurfsverfahren.

Cell-Arrays benötigen einen vollständigen Prozeßdurchlauf (alle Masken). Der Einsparungseffekt bei Cell-Arrays liegt bei einem vereinfachten Designverfahren mit Zell-Bibliotheken. Die darin enthaltenen Logikelemente können in ein automatisiertes Entwurfsverfahren eingebunden und insbesondere automatisch verdrahtet werden. Benötigt der Kunde eine besondere Funktion, so besteht meist die Möglichkeit, ein neues Bibliothekselement nach speziellen Angaben zu entwerfen. Mischdesigns (analog/digital) sind ebenso wie bei Vollkundenschaltkreisen möglich.

Vollkundenschaltkreise benötigen ebenfalls einen kompletten Prozeßdurchlauf. Das Design ist nach Kundenanforderungen optimiert, die Verdrahtung erfolgt per Handlayout oder teilautomatisch und geht entsprechend in die Entwicklungszeit ein. Mit Vollkundenschaltungen läßt sich die beste Chipflächeneffizienz bei allerdings entsprechend hohen Entwicklungskosten erreichen.

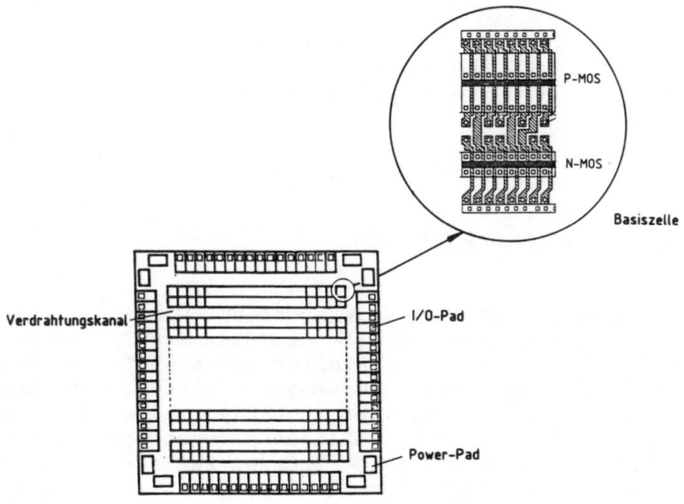

Abb.1.5 Schema eines CMOS-Gate-Arrays

Insbesondere bei Gate-Arrays gibt es unterschiedliche Varianten. Am weitesten verbreitet ist die klassische Form nach Abb.1.5. Die in Längsreihen in regelmäßiger Struktur angeordneten Transistoren sind durch Verdrahtungskanäle getrennt. Am Chiprand befinden sich Buffer, die je nach Typ Input, Output oder I/O-Funktionen übernehmen können. Moderne Arrays (insbesondere im VLSI-Bereich) benutzen zur Steigerung der Integrationsdichte sogenannte "Channelless"-Strukturen (Abb.1.6), d.h. der innere Bereich des Chips ist vollständig mit Transistoren bedeckt. Verdrahtungsleitungen werden über nichtaktive Transistoren geführt. "Structured" Arrays besitzen neben den normalen Gate-Array-Features noch die Möglichkeit, auf dem gleichen Chip sogenannte Megazellen (das können z.B. RAM- oder ROM-Bereiche, ALU oder auch Multiplizierer sein) zu implementieren. Da es sich um modifizierte Gate-Array- Strukturen handelt, begrenzen sich die möglichen Konfigurationen auf das Angebotsspektrum des Herstellers.

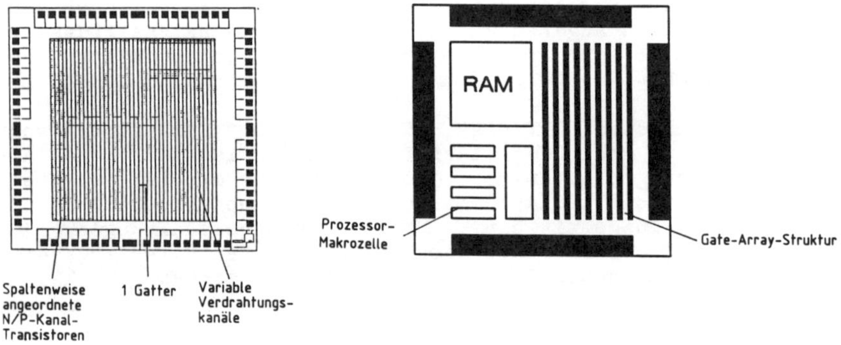

Abb.1.6 (a) Kanalfreie Array Struktur (LSI Logic)
(b) Composite/Compacted Array Struktur

1.3 "SCALING" VON CMOS-STRUKTUREN

Die Veränderung der Eigenschaften von MOS-Transistoren bei Strukturverkleinerung folgt sogenannten Skalierungsregeln (s. Kap.8.3). Man kann die Skalierung unter Beibehaltung konstanter Betriebsspannung (Constant Voltage) oder konstanter Feldverhältnisse im Halbleiter vornehmen. Da die Betriebsspannung von 5V aus Kompatibilitätsgründen beibehalten werden soll, wird bei Strukturverkleinerungen zunächst (bis an die Grenze des physikalisch möglichen) Constant-Voltage-Scaling zum Tragen kommen.

Bei Kanallängen um 0,8um wird voraussichtlich der Schwenk zu kleineren Betriebsspannungen (z.B. 3,3 V+-0,3V, wie von JEDEC /1.1/ vorgeschlagen) notwendig, damit Grenzfeldstärken im Halbleiterinneren nicht überschritten werden.

Verschiedene Halbleiterhersteller haben bereits VLSI-Schaltkreise mit reduzierter Betriebsspannung vorgestellt (IBM: 4 Mbit DRAM/0,8um Technologie; NTT: 16 Mbit DRAM Test-chip/0,7um Prozeß).

Ein Schwenk zu noch kleineren Betriebsspannungen ist aus heutiger Sicht nicht wünschenswert, da dann die Schnittstellen zu 5V-Schaltungsteilen relativ kompliziert werden.

Die Abhängigkeiten von Versorgungsspannung, Verlustleistung und Strukturgrößen sind in Abb.1.7 dargestellt /1.2/.

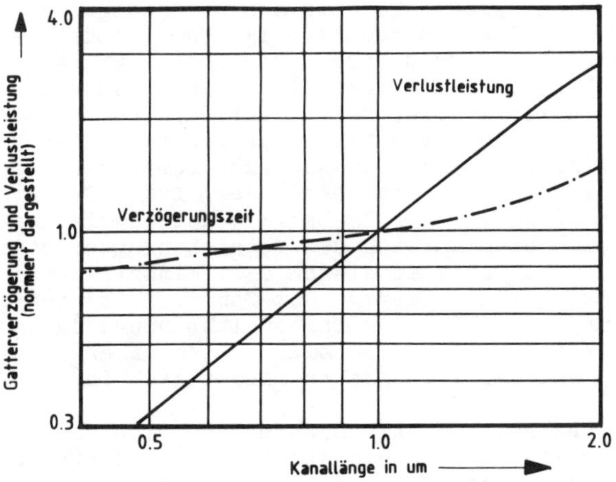

Abb.1.7 Abhängigkeit von Leistungsaufnahme und Gatterverzögerungszeit bezogen auf die Kanallänge

In den folgenden Kapiteln wird zunächst auf physikalische Effekte, die im Submikrometerbereich zum Tragen kommen, eingegangen. Danach werden prozeßtechnische Fortschritte zur Vermeidung solcher parasitärer Effekte behandelt.

1.3.1 PARASITÄRE, INSBESONDERE KURZKANAL-EFFEKTE

Die elektrischen Eigenschaften von Transistoren können bei Strukturen ›2um problemlos mit den o.g. Skalierungsregeln abgeschätzt werden. Bei kleineren Strukturen treten verstärkt parasitäre Effekte auf, deren Ursache mit dem erhöhten elektrischen Feld innerhalb des Halbleiters zusammenhängen (Hot-Carrier-Effekte, Source-Drain Punch Through) bzw. durch die dichteren Strukturen (Narrow-Width-Effects, Latch-Up) begründet sind.

Mit den heutigen lithografischen Techniken können bereits Kanallängen unter 0,3um produziert werden. Inwieweit diese Techniken jedoch auch im VLSI-Bereich ausgenutzt werden können, hängt davon ab, wie gut man solche Effekte zweiter Ordnung in den Griff bekommt.

Hot-Carrier-Degradation übt einen sehr wichtigen Einfluß aus. Wegen der großen Feldstärken im Kanalgebiet erfahren Ladungsträger sehr große Beschleunigungen, sodaß einige davon die Si/SiO2-Energiebarriere überwinden und sich im Gateoxid einlagern können. Davon betroffen sind, wegen der niedrigeren Energieschwelle, insbesondere Elektronen bei NMOS-Transistoren (die Ionisationsrate von N-Kanaltransistoren ist 3-4mal höher als beim P-Kanal). Der "Channel Hot-Carrier-Effect" ist wegen des höheren Feldes in der Nähe der Drain-Gebiete besonders stark ausgeprägt. Der "Substrate Hot-Carrier-Effect" unterscheidet sich hinsichtlich des Entstehungsmechanismus' der Hot Carriers - es sind in diesem Fall Minoritätsträger des Substratgebiets. Eingelagerte "Hot-Carrier" beeinflussen durch ihre Ladung die Höhe der Thresholdspannung und schränken die Lebensdauer der Schaltungen ein. Eine Klassifizierung verschiedener Hot-Carrier-Effekte findet sich in /1.3/.

NMOS und PMOS Transistoren bilden eine Vierschichtendiode in CMOS-Schaltungen (siehe Abb.1.8). Kurzzeitige Störspitzen an der Versorgungsspannung oder an den Eingängen können diesen Thyristor triggern, wobei der Triggerimpuls allerdings eine Mindestzeit anstehen muß, da die parasitäre Struktur aufgrund von Diffusions- und Sperrschichtkapazitäten eine gewisse Reaktionszeit besitzt.

Der Latch-Up bleibt bestehen, solange der Haltestrom nicht unterschritten wird und führt zu Funktionsfehlern und ggf. sogar zur thermischen Überlastung des Schaltkreises. Die Latch-Up-Anfälligkeit hängt in erster Linie von der Stromverstärkung der parasitären Transistoren und den Substrat- und Wannenwiderständen ab. Sie nimmt bei Submikrometerschaltungen zu, da durch die kleineren Abstände die parasitären Transistoren hinsichtlich Stromverstärkung und Schaltzeit besser werden.

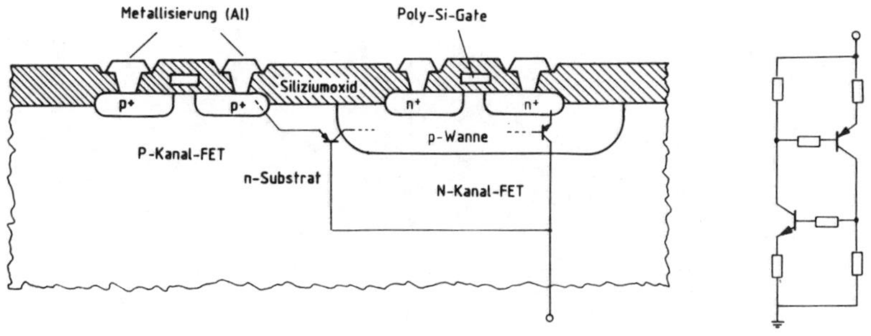

Abb.1.8 Prozeßschema und Ersatzschaltbild einer PNPN-Struktur (Grund für Latch-up in CMOS-Schaltkreisen)

Mit kleineren Kanallängen werden die Kanaleigenschaften nicht nur durch das vom Gate verursachte vertikale elektrische Feld gesteuert, sondern auch verstärkt von lateralen Feldkomponenten der Drain- und Source-Diffusionsgebiete beeinflußt. Zum Beispiel verursacht der "Drain Effekt" eine Verringerung der Thresholdspannung. Bei kleinen Kanallängen reicht die Verarmungsschicht des Draingebiets je nach anliegender Drainspannung bis weit ins Kanalgebiet und bewirkt so eine effektive Verkleinerung der Thresholdspannung.

Weitere Effekte sind das verstärkte Auftreten der Kanallängenmodulation (ebenfalls in Abhängigkeit der Drainspannung) und ein bei Kurzkanaltransistoren aufgrund des lateralen Feldes auftretender Geschwindigkeitssättigungseffekt der Ladungsträger.

Die Auswirkungen solcher Kurzkanaleffekte auf die Ausgangskennlinie eines MOSFET sind in Abb.1.9 /1.4/ dargestellt.

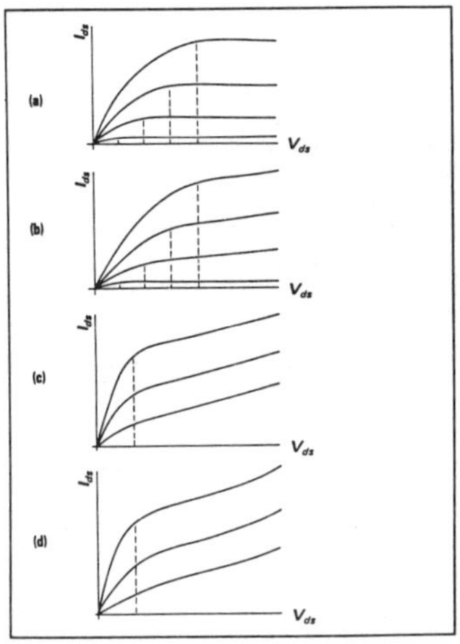

Abb.1.9 Einfluß des Kurzkanaleffekts auf die I-V-Kurve eines MOS Bauelements
(a) Lang-Kanal Verhalten
(b) mit Kanallängenmodulation
(c) mit Geschwindigkeitssättigung
(d) Draineffekt berücksichtigt

1.3.2 PROZESSTECHNISCHE NEUERUNGEN

Praktisch alle Hersteller verwenden heute eine Silizium-Gate-Technologie. Sie ist selbstjustierend, d.h. die Source-Drain-Gebiete werden in nur einem Maskenschritt durch das Polysilizium-Gate definiert. Aufgrund entfallender Justagefehler kann das Gate sehr viel kleiner als bei einer Metal-Gate-Technologie gewählt werden und die entstehenden Gate-Überlappungskapazitäten werden wesentlich reduziert. Hieraus ergibt sich eine Geschwindigkeitssteigerung bei geringerem Platzbedarf und außerdem eine bessere Reproduzierbarkeit der Thresholdspannungen. Die Polysiliziumlage kann weiterhin als zusätzliche Verdrahtungsebene benutzt werden, wegen des hohen Schichtwiderstands allerdings nur für kurze Verbindungen (z.B. Intrazellenverdrahtung). Eine weitere Verkleinerung der Gatelängen bei gleicher lithografischer Technik kann durch die mehrfache Anwendung von selbstjustierenden Verfahren wie z.B. MUSA/MOST (Multiple Selfaligned MOS-Technology) erzielt werden. Bereits 1984 konnte von Fujitsu mit einem Prozeß mit

1,5um - Designrules Kanallängen von 0,5um realisiert werden (Abb.1.10). Kanallängen dieser Größenordnung können natürlich auch durch verfeinerte lithografische Methoden, wie z.B. durch die Anwendung einer Mischlithografie (Kombination von optischem Waferstepper mit Elektronenstrahllithografie) erreicht werden.

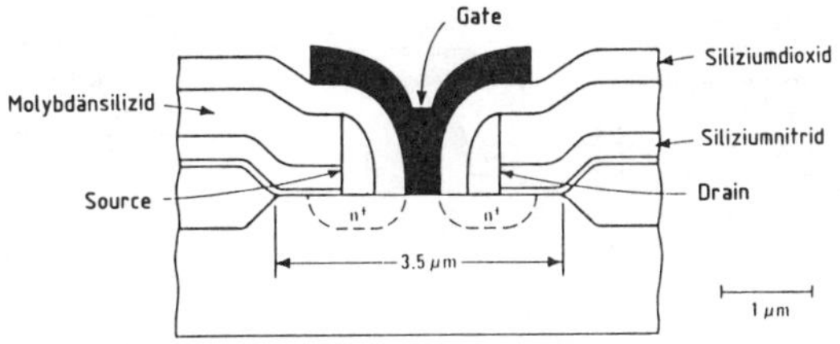

Abb.1.10 Multiple Self-aligned MOS Technologie (MUSA/MOST - nach /1.6/)

Desweiteren werden die elektrischen Eigenschaften der PMOS/NMOS-Transistoren auch durch die Wahl der entsprechenden Wannentechnik beeinflußt (Abb.1.11). Dabei wird angestrebt, daß beide Transistortypen in Bezug auf Steilheit und Thresholdspannung ein möglichst symmetrisches Verhalten aufweisen. Der P-Well Prozeß (P-Wanne auf N-Substrat zur Realisierung der N-Kanal-Transistoren) resultiert aus der PMOS-Technik, weist die längste Entwicklungsgeschichte auf und wurde im Laufe seiner Fortentwicklung immer weiter verbessert. Die einzelnen Entwicklungsstadien:

1. Ionenimplantation zur besseren Einstellung der Thresholdspannungen

2. Selfaligned Si-Gate Technologie (dadurch u.a. Wegfall der p+ Kanalstops bei CMOS-Niedervoltprozessen)

3. Isoplanarprozesse (LOCOS/PLANOX) zur Erzielung planarer Oberflächen, zur Steigerung der Integrationsdichte und zur Reduktion parasitärer Kapazitäten, allerdings mit einem prozeßtechnisch bedingten Mangel, dem Bird's Beak

4. Verwendung von Doppel-Poly-Prozessen, zunächst im Analog- und Speicherbereich

5. Recessed-Oxide-Verfahren zur Vermeidung des Bird's Beak

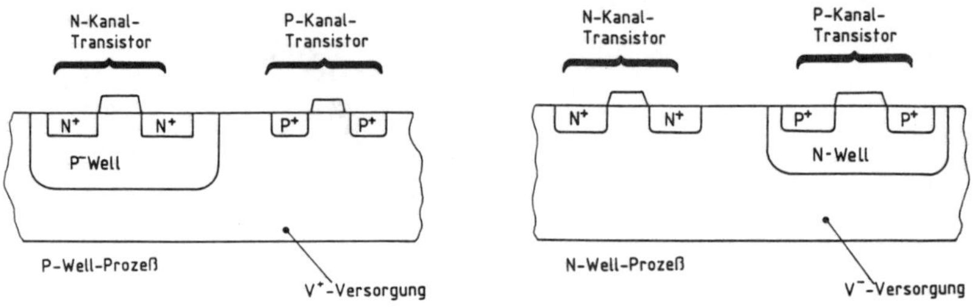

Abb.1.11 P-Well und N-Well CMOS-Technologie

Die N-Well-Technologie entwickelte sich aus der jüngeren NMOS-Technologie und ist mit dieser zumeist kompatibel. Bei ihr konnten viele Errungenschaften der PMOS-Technologie gleich zu Beginn berücksichtigt werden.

Der NMOS-Kompatibilitätsvorteil kommt dann zum Tragen, wenn auf dem gleichen Chip z.B. CMOS-Schaltungsteile als auch (z.B. aus Gründen höherer Integrationsdichten oder Geschwindigkeiten) NMOS-Schaltungsteile verwirklicht werden sollen.

Beim N-Well-Verfahren hat der NMOS-Transistor ein etwas besseres Verhalten, während bei P-Well beide Transistortypen etwa gleiche Eigenschaften aufweisen. N-Well eignet sich z.B. besonders für dynamische Logik, bei der die Anzahl der NMOS-Transistoren überwiegt. Durch einen zusätzlichen Maskenschritt können auch NPN-Transistoren mit dem N-Well-Verfahren realisiert werden, während sie bei P-Well direkt herstellbar sind.

Selbst bezüglich der Latch-Up-Festigkeit gibt es keinen eindeutigen Vorteil für eine der beiden Wannentechnologien.

Das Zweiwannenverfahren (Twin-Tub) erlaubt eine vollständig unabhängige Einstellung der Wannendotierungen und der Schwellspannungen. Der Substrattyp ist frei wählbar. Die Prozeßkomplexität ist jedoch höher, wobei aber verschiedene Vorteile Twin-Tub durchaus attraktiv für VLSI-Anwendungen machen. Zum einen kann der Abstand zwischen P- und N-Kanal-Transistoren reduziert werden, die Herstellung symmetrischer

PMOS/NMOS-Transistoren ist vollkommen unproblematisch und neue Isolationsverfahren, wie Trenchisolation, sind gut verträglich mit dem Twin-Tub-Verfahren.

Eine weitere Methode, Retrograde-Well, nutzt die Ionenimplantation zur Herstellung eines abgestuften Wannendotierungsprofils. Diffundierte Wannen besitzen die höchste Dotierungskonzentration in der Nähe der Si-Oberfläche, während sie bei Retrograde-Wells innerhalb des Halbleiters liegt. Bei, im Vergleich zu konventionellen Strukturen, etwa gleich großen Power-Speed-Produkten, konnten durch Retrograde-Wells das Latch-up Verhalten und die Festigkeit gegen vertikalen Durchbruch (Vertical Isolation) gerade bei Submikrometerstrukturen wesentlich gesteigert werden /1.7/. Die erreichbare Packungsdichte bei Twin-Well als auch bei Retrograde-Well-Verfahren ist größer als bei konventionellen Wannentechnologien.

Zur Reduzierung von Hot-Electron-Effekten sind verschiedene Verfahren bekannt, die die Feldstärken im gefährdeten Drain-Bereich durch Modifikation des n+ Dotierungsprofils herabsetzen. Beim älteren Double-Diffused-Drain Verfahren wird ein abgestuftes Drain-Profil durch die Implantation mit verschiedenen Donatoren (z.B. Phosphor und Arsen) erreicht. Das DDD-Verfahren wird jedoch wegen der breiteren und etwas tieferen Dotierungsgebiete nicht für Sub-um-Strukturen bevorzugt, da die Überlappungskapazität zunimmt (Abb.1.12a).

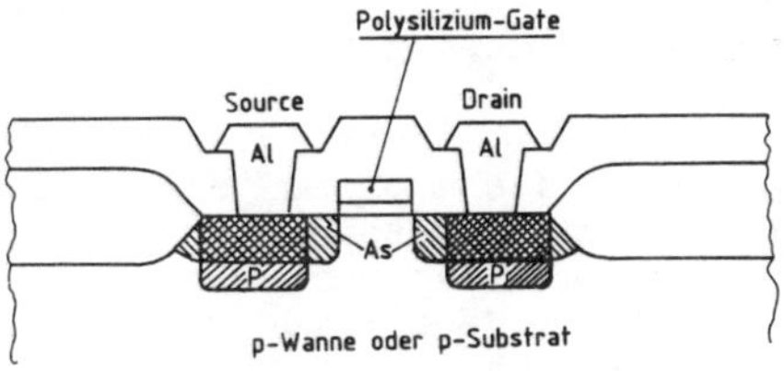

Abb.1.12a Double-Diffused-Drain (DDD) - Technologie

Beim "Lightly-Diffused-Drain" (LDD) Verfahren wird durch die Aufbringung eines "Sidewall-Oxides" an den Gatekanten ein entsprechender Dotierungsverlauf in den Source- und Drain-Dotierungsbereichen erzielt (Abb.1.12b). Weitere Verfahren wie "Offset-Diffused-Drain" (ODD) oder verschiedene Modifikationen des LDD-Prinzips befinden sich im Forschungsstadium und lassen auf eine Lösung des Hot-Carrier-Problems hoffen. Für Submikrometerstrukturen ist jedoch sicher der Wechsel auf kleinere Versorgungsspannungen notwendig, um das Feldstärkeproblem zu entschärfen. Zur Verminderung der Latch-Up-Anfälligkeit gibt es ebenfalls verschiedene Lösungsansätze. Latch-up kann z.B. durch die Verringerung der parasitären Wannen- und Substratwiderstände, die parallel zu den Basis-Emitter-Strecken der parasitären Transistoren liegen, vermieden werden. Dies kann durch eine Erhöhung der Substratdotierung z.B. auch in Kombination mit der Einführung einer Epi-Schicht erfolgen. Ein ebenso gangbarer Weg ist allerdings auch die Verwendung von Leitschichten (Buried Layers) unter den Wannen.

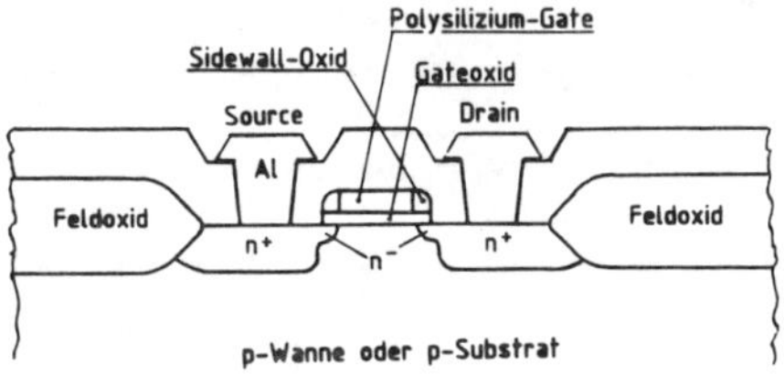

Abb.1.12b Lightly diffused Drain (LDD) - Technologie

Außerdem möglich ist die bessere Isolation der parasitären Strukturen voneinander, z.B. durch die Verwendung von besseren Isolationstechniken (wie Trench-Isolation oder dielektrische Isolation) oder durch sog. "Guard-Rings". Latch-Up kann durch eine überlegte Anordnung von Versorgungs- und Wannenanschlüssen verringert werden.

Die steigende Komplexität stellt sowohl Anforderungen an die Isolationsverfahren als auch an Verdrahtungsmethoden. Da auch bei Gate-Arrays in der Größenordnung von über 100k Gattern automatisches Routing&Placement durchgeführt werden soll, sind genügend Verbindungswege bereitzustellen, um die Arrays blockierungsfrei zu verdrahten. Eine Möglichkeit bietet sich durch die Einführung von Mehrlagenverdrahtung (Arrays dieser Größenordnung arbeiten mit 3 Metall- und einer Poly-Si-Verdrahtungslage; mindestens eine Metallage davon wird auch für die Stromversorgung benutzt). Ein zweiter Schritt ist die Einführung von Channelless- bzw. Sea-of-Gates/Gate-Forest-Strukturen (s.Kap.1.2.3). Da die gesamte Chipinnenfläche aktives Gebiet ist, kann die Breite der Verdrahtungskanäle variabel gehalten werden. Die Anzahl der nutzbaren Gatter sinkt hierdurch stark, sie liegt für 100K Arrays bei etwa 40-50%. Im Vergleich hierzu haben klassische Gate-Arrays eine Routing-Effizienz von 75-90%. Standardzellen haben wegen der variablen Verdrahtungskanäle ebenso wie Channelless-Strukturen keine Probleme mit dem "Channel Overflow".

Durch das Aufbringen von Metall-Siliziden (z.B. TiSi) konnten sowohl Kontaktwiderstände als auch Schichtwiderstände von Polysiliziumlagen wesentlich vermindert werden (› Faktor 20), wodurch die Geschwindigkeit von Submikron-FET erheblich gesteigert wurde. Die Aufbringung dieser Silizidfilme kann auch in selbstjustierenden Verfahren erfolgen (Salicide = Self-Aligned Silicide).

Zur Vergrößerung der aktiven Flächen - und damit der Packungsdichte - werden außerdem effektive Isolationsverfahren, wie Trench-Isolation, erprobt.

Ein weiterer Schritt in Richtung größerer Packungsdichte ist die Verwendung von selbstjustierenden Kontakten (z.B. SACMOS - Self-Aligned Contact CMOS von Philips). Als Source-Drain Kontakte in Verbindung mit Poly-Si-Gates eingesetzt, reduzieren sie den Transistorflächenbedarf erheblich.

1.4 MARKTÜBERSICHT FÜR DEN CMOS-SEMICUSTOMSEKTOR

Die CMOS-Technologie besitzt den größten Marktanteil im Semicustom-Bereich, wobei das Verhältnis Gate-Arrays/Standardzellen etwa 2:1 beträgt.

Die Strukturgrößen erreichen bereits 1 um bei typischen Gatterlaufzeiten von weniger als 0,6ns (Fanout2). In Tabelle 1.1 (für Gate-Arrays) und Tab.1.2 (für Cell-Arrays) ist eine Auswahl verschiedener Halbleiterhersteller aufgeführt. Es wurden solche Bauelemente in die Tabelle aufgenommen, die durch fortschrittliche Technologie (Geschwindigkeit, Integrationsdichte) eine gewisse Marktbedeutung besitzen. Von der prozeßtechnischen Seite her zählen selbstjustierende Si-Gates, Zweilagenmetallisierung (meist unter Mitbenutzung einer Poly-Silizium-Ebene für Intrazellenverdrahtung), sowie LOCOS (teilw. Recessed Oxide) zum Stand der Technik. Die meisten Arrays verwenden Polysilizium auch zur Intrazellenverdrahtung in der untersten Verdrahtungsebene. Einige Arraytypen besitzen bereits Dreilagenmetallverdrahtung (LSI-Logic LCA 100K, Fujitsu UH-Serie, Cal. Micro Devices). Die Komplexitäten bei Gate-Arrays haben die 200.000 Gattergrenze überschritten (LSI-Logic Compacted-Array). Bei diesen Channelless-Arrays sind allerdings nur ca. 100.000 Gatter nutzbar, da die Verdrahtung der Chips auch eine entsprechende Chipfläche benötigt. Andere Mitbewerber beim Kampf um höchste Gatterkomplexitäten sind z.B. Motorola (70.000 usable Gates), Thomson (50.000 usable Gates) und Toshiba. Gate-Arrays dieser Größenordnung können sinnvoll sein, wenn bei Designs z.B. komplexe "Megazellen" eingesetzt werden sollen, bei solchen Arrays kann jedoch auf eine umfangreiche Rechnerunterstützung bei Entwurf und Testvektor-Generierung nicht verzichtet werden.

Die Bibliotheken mit den Funktionsblöcken werden von den Herstellern im allgemeinen für das Design zur Verfügung gestellt. Der Umfang dieser Bibliotheken ist von Produkt zu Produkt unterschiedlich und kann auch sehr komplexe Funktionen (Megazellen) enthalten (siehe Tab.1.3). Funktionen höchster Komplexität werden insbesondere für die Standardzellentechnologie angeboten, in einem eingeschränkteren Maße werden jedoch auch Megazellen (insbesondere statische RAMs und ROMs) in großen Gate-Arraytypen (z.B. Structured-Arrays, LSI-Logic) verwendet. Diese RAM liegen dann, je nach Gate-Array-Typ, in einer bestimmten Konfiguration vor und können nicht, wie bei Cell-Arrays, mittels eines RAM-Compilers in ihrer Größe verändert werden. Weitere interessante Komponenten sind anwendungsspezifische Mikroprozessoren. Hier ist auf dem Cell-Array-Sektor insbesondere die 29xx-Serie (Bitslice-uP) verbreitet.

Weitere Hilfsmittel zur Entwicklung komplexer Semicustom-Schaltkreise sind z.B. Logiksyntheseprogramme, Modulgeneratoren oder auch "Silicon Compiler". Ziel dieser Werkzeuge ist, dem Entwickler möglichst viel "Handarbeit" abzunehmen, sodaß er sich auf Aufgaben der Systementwicklung konzentrieren kann und nicht mit integrationsspezifischen Routinetätigkeiten belastet wird. Die Systemfunktion wird dann nicht als Gatterstruktur sondern in einer höheren Beschreibungsebene, z.B. als Funktionalmodell, spezifiziert (näheres hierzu in Kap.6).

Die Entwurfszeit für einen Kundenschaltkreis richtet sich nach dessen Komplexität und nach den verfügbaren Entwicklungswerkzeugen. Relativ fest ist die Zeit, die für den Prozeßdurchlauf beim Hersteller benötigt wird. Beginnt die Herstellertätigkeit, wie oft praktiziert, mit dem Layout (Prelayout-Simulation), so beträgt die Zeitdauer bis zur Aushändigung erster Muster an den Kunden (Turnaround) ca. 4-7 Wochen. Diese Zeiten gelten für Gate- und Cell-Arrays, vorausgesetzt, daß das Design (insbesondere Autoroute&Placement) in dem weitgehend automatisierten Verfahren beim Hersteller komplikationslos durchläuft.

Zur Steigerung der Turnaround-Geschwindigkeit besitzen manche Hersteller besondere Prototypen-Prozeßlinien (Hot Lines). Eine weitere Möglichkeit zur Verkürzung des Turnarounds ist die Einsparung der Maskenerstellungszeiten durch Verwendung der Elektronenstrahldirektbelichtung (TI/E-Beam-Logic) oder die Konfiguration der Arrays durch ein Laserstrahlverfahren (Laserpath/Lasarray). Solche Verfahren eignen sich allerdings nur für kleinere Stückzahlen bzw. Prototypenfertigung. Bei Serienfertigung muß dann auf Maskenlithografie umgestiegen werden.

1.5 AUSWAHLKRITERIEN BEI SEMICUSTOM-SCHALTKREISEN

Die drei wichtigsten Motivationsgründe für den Beginn eines Semicustom-Projekts sind: Größe, Wirtschaftlichkeit und Geschwindigkeit. Ferner bieten noch Aspekte wie Nachbausicherheit und Qualitätsgewinn einen gewissen Anreiz.

CMOS-Kundenschaltkreise sind, aufgrund der angebotenen Typenvielfalt und der Größe des Marktes, noch am ehesten zur Erfüllung dieser Anforderungen geeignet. Die Auswahl der optimalen Semicustom-Realisierungsform orientiert sich an verschiedenen Auswahlkriterien:

1. Wirtschaftliche Faktoren wie Entwicklungskosten (NRE= Nonrecurring Equivalents), erwartete Stückzahlen und Chippreise geben erste Hinweise auf die Realisierungsart (z.B. Gate- oder Cell-Array, PLA, Full-Custom).

2. Primäre technische Eigenschaften beeinflussen die Technologiewahl. Hierunter fallen:

   - Geschwindigkeit, Leistungsverbrauch u.a.
   - Komplexitätsgrenzen
   - Systemaspekte wie z.B. Mitintegration von Analogkomponenten
   - Designaspekte, z.B. sind gewünschte Megazellen oder Bibliothekselemente verfügbar.

3. Die Chipgröße orientiert sich an der zur Realisierung notwendigen Gatterzahl und/oder an der Anzahl der erforderlichen I/O-Pads.

4. Gehäuseform (und Größe) werden von der Chipfläche, Pinzahl, Bondbarkeit, der gewünschten Bauform (z.B. SMD), sowie ferner auch von Gehäusekosten, von elektrischen und thermischen Eigenschaften bestimmt.

5. Zeitliche Faktoren wie Entwicklungszeiten, Prototypen-Prozeßdurchlauf- und Testzeiten (Turnaround) sowie Serienlieferzeiten; besteht z.B. Einflußmöglichkeit auf die Prioritätenvergabe des Projektes beim Hersteller; besteht beim Hersteller z.B. eine spezielle Semicustom-Prozeßlinie, die Lieferfähigkeit auch bei Fertigungsvollauslastung garantiert?

6. Designbedingte Faktoren wie z.B. Ausnutzung vorhandener Designkapazitäten (Manpower, Hard- und Software) beim Kunden und die damit verbundenen Kompatibilitätsfragen (Bibliotheken, Schnittstellen).

7. Gibt es Übergangsmöglichkeiten z.B. von einem Gate-Array auf ein Cell-Design? Eine Chip-Konversion kann nötig werden, wenn Chipkosten wegen unerwartet hoher Stückzahlen gesenkt werden müssen, oder wenn ein Breadboard-on-Silicon (z.B. auf LCA-Basis) in einen Kundenschaltkreis umgesetzt werden soll. Eine Konversion kann auch in Frage kommen, wenn ein Her-

steller lieferunfähig wird oder der entsprechende Prozeß aus der Fertigung genommen wird.

8. Liefersicherheit (Second-source).

9. Referenzen des Herstellers - hat dieser Erfahrung mit ähnlichen Projekten?

10. Fragen des Know-How-Transfers zwischen Kunde und Halbleiterhersteller.

Wie zu sehen ist, sind eine große Anzahl von Faktoren bei der Auswahl der richtigen Technologie und des richtigen Herstellers zu berücksichtigen. Von den meisten Herstellern werden hierzu projektbezogene "Feasability-Studies" angeboten (diese erste Beratungsleistung ist meist nicht mit Kosten verbunden), die hersteller- und prozeßbezogen erste Auskünfte über die Machbarkeit, die zu erwartende Chip- und Gehäusegröße und die voraussichtlichen Entwicklungs- und Bausteinkosten geben. Der Kunde steuert hierzu Informationen über das zu integrierende System bei (z.B. Blockschaltbilder, Systembeschreibungen - vorteilhaft ist, wenn bereits die ungefähren Gatterkomplexitäten (z.B. über Tabellen) ermittelt wurden). Spezielle Systembedingungen, wie z.B. kritische Schaltungsteile sind besonders zu vermerken.

Bei problematischen Integrationen können längere Untersuchungen notwendig sein, die dann allerdings mit Kosten verbunden sind. Auf der Basis der Ergebnisse der "Feasability-Studies" sowie der anderen o.g. Randbedingungen kann der Kunde dann in der Regel eine entsprechende Hersteller- und Produktauswahl treffen.

Tabelle 1.1 Übersicht ausgewählter CMOS-Gatearrays

Anbieter	Typ	Äquiv. Gatter(1)	Delay (2) in nsek	f max (3) in MHz	Verlustl. in mW (4)	Prozess
Fujitsu	UH-Serie	330-20160(11)	0.9	115	2.3	1.5u TML
	AU-Serie	30k-100k	0.7	120	2.4	1.25u TML
Hitachi	HG62E	4309-24020(7)	0.7	55	0.22	1u
LSI Logic	LCA 100K	130104-236880(3)	0.46		.012/1MHz	0.7u TML
	LCA 10000	10k-50k (6)	0.57		.012/1MHz	1.5u TML
Matra-Harris	MC	3k-45k	0.5	100		1(.65)u
Mitsubishi	M6003x	4750-47375	0.9	175	.01/1MHz	1.3u DML
Motorola	HDC100	5670-104832(10)	0.4	150	0.006/1MHz	1u TML
National	SCX6Bxx	400-15000	0.65	150	3	1.5u DML
NEC	CMOS5-Ser.	2016-45012(13)	0.52	250	3	1.2u TML
OKI	MSM10Vxx	5k-100k(11)	1.2			1.5u DML
Plessey	CLA6xxxx	2k-110k(8)	0.65	70	.004/1MHz	1.5u DML
Raytheon	RVGxx	5670-20440(4)	0.95	250	.008/1MHz	1.25u DML
RCA-GE	CGA200	3200-28800(5)	0.8	250	.02/1MHz	1.5u DML
SGS/IST	ISB12000	8000-128000	0.7	150		1.2u DML
Siemens	SCC	-130000	0.7	150		1.5u ACMOS IV
TI	TGC 100	3200-18k	0.5	200		1.0u DML
Toshiba	TC 110G	3498-129042(14)	0.7	150	2.1	1.5u DML
	TC 120G	38-129k	0.4			1.0u
VLSI Technology	VGT100	1600-66550(13)	0.7	175	3.5	1.5u DML
	VGT300	28k-97k(7)	0.35	200		1.0u TML

(1)=Equivalent Gate Count; Anzahl der nutzbaren Gatter hängt vom Arraytyp (z.B. bei Verwendung von Makrozellen) und von der Autoroute/Placement-Effizienz ab
(2)=typ. Wert für 2 Input NAND bei fan out = 2
(3)=typ. Wert für die maximale Flip-Flop Toggle Frequenz
(4)=Gatterverlustleistung bei angegebener Frequenz (3)

Tab. 1.2 Übersicht der CMOS-Cellarrays (ausgewählte Hersteller)

Anbieter	Typ	Delay (1) in nsek	f max (2) in MHz	Verlustl. in mW (3)	Prozess
AT&T	1.25u Cell	0.8	170	1.9	1u DML
Fujitsu	AU-AEBB	0.85	120		1.2u TML
Harris	HSC200/200RH	0.8	150	0.8	1.5u DML
General Electric	SC 4000	0.8	100	.017/1MHz	1.5(1.1)u DML
Intel	IDE CHMOSIII	0.7	65	.02/1MHz	1.5u DML
LSI-Logic	LCB 007	0.46		.012/1MHz	1(0.7)u DML
NEC	SC5	0.52	250	3	1.2u TML
National Semicond.	MicroCMOS	0.5	100	3.5	2u
OKI	MSM 91U000	0.6	80	4	1.2u DML
Siemens	SC 0D	0.6	250	.004/1MHz	1u DML
Thomson	SC	0.72	75	0.83	1.2u DML
TI	TSC 500	0.48	150	1.2	1u DML
Toshiba	TC23SC	1	150	1.8	1.5u DML
VLSI Technology	VSC100	0.8	180	2	1.5u DML
VTC	VL5000	0.5	200		1u DML
Zymos	Zy 60 000	0.9	100		1.8u DML

(1)=Typ. Wert für 2-Inp.-NAND mit Fan out = 2
(2)=Max. Flip-Flop-Toggle-Frequenz
(3)=Gatter-Verlustleistung bei Frequenz (2)

Tab. 1.3 Funktional-Module für CMOS-Cellarrays (Ausgewählte Hersteller und Funktionen)

	Funktionales Macro					
Anbieter	ALU	Multiplizierer	RAM	ROM	PLA	Andere
AT&T	29XX	16*16	*	*	*	Analogzellen, FIFO, 80XX-Periph.
Fujitsu	*	*	*	*	*	82xx-Peripherials,ALU
Intel	80C51		*	*	*	Analogzellen, 8086-Peripherials
LSI-Logic	2900		*	*	*	Fifo, EPROM,82xx Series Periph. 6845,Multiport RAM
NEC			*	*		8254,8255,ALU,
National Semicond.	29xx		*	*	*	82C50, UART,EEPROM,Analogzellen
OKI	80C51		*	*	*	
Plessey			*	*	*	Barrelshifter
TI	29xx		*	*	*	FIFO
Toshiba	29xx	*	*	*		8200 Series Perip.,
VLSI Technology	2901,Z80	*	*	*	*	State machine & Datapath-Comp. 82xx-Peripherie,CRT-Controller
VTC	2901,2910	16*16	*	*	*	2910

2 SILIZIUM - KOMBINATIONSTECHNOLOGIEN

2.1 BIPOLAR-CMOS-KOMBINATIONSTECHNOLOGIE (BICMOS)

2.1.1 ALLGEMEINES

Mit der Möglichkeit, neben Feldeffekttransistoren auch bipolare Elemente in einer monolithischen Schaltung verwenden zu können, besitzt der Schaltungsentwickler eine Reihe weiterer Freiheitsgrade zur Optimierung seiner Schaltungen.

Solche Mischtechnologien haben im digitalen Bereich und erst recht auf dem Sektor gemischter Analog-/Digitalsysteme ein großes Anwendungspotential:

1. Einchip-Systemlösungen mit analogen und digitalen Komponenten

2. Optimierung von CMOS-Logik und insbesondere CMOS-Speichern mittels schneller Bipolar-Treiberstufen

3. Einsatz leistungssparender CMOS-Technik in Bipolarschaltungen (z.B. durch SC-Filter).

Die Vorteile solcher Mischtechnologien sind schon länger bekannt (erste Realisierung eines OP-Verstärkers in Mischtechnologie durch RCA bereits 1973); durch die Verfeinerung der Prozesse ist jetzt der Einsatz solcher Technologien für den breiten Anwenderkreis auch dort interessant, wo bisher auf diskrete Aufbauten oder Dickschichtlösungen zurückgegriffen werden mußte.

Die Anwendung des BICMOS-Prinzips auf digitale Schaltungen steht im Vordergrund dieses Berichts. Auf dem digitalen Sektor werden BICMOS-Schaltungen in erster Linie benutzt, um die Treiberfähigkeit und damit die Schnelligkeit von CMOS zu verbessern. Zwar ist ein unbelastetes CMOS-Gatter etwas schneller als eine äquivalente BICMOS-Lösung, jedoch schon bei einem fan-out von 3 (ca. 0,3-0,5pF) schneidet BICMOS besser ab (siehe Abb.2.1).

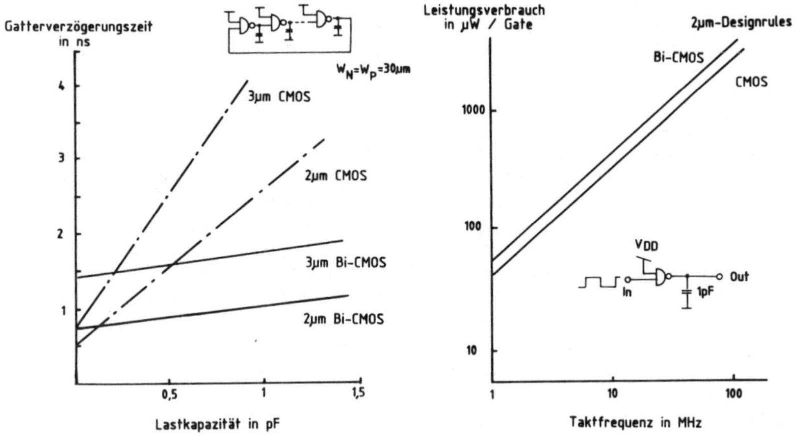

Abb.2.1 Treiberfähigkeit und Leistungsverbrauch von BICMOS- und CMOS-Gates (nach Toshiba 2.4)

2.1.2 BICMOS–TECHNOLOGIE

Ein BICMOS-Prozeßablauf läßt sich sowohl aus einem Standard-Bipolar- als auch aus einem CMOS-Prozeß heraus entwickeln. Frühe Versuche führten zu nicht befriedigenden Ergebnissen, da aufgrund einfacher Prozeßmöglichkeiten immer Zugeständnisse an die Eigenschaften der jeweils prozeßfremden Bauelemente gemacht werden mußten.

Mit steigender Integrationsdichte erhöhte sich jedoch auch die Prozeßkomplexität und Bipolar- und CMOS-Prozeßabläufe näherten sich einander an.

Durch verwandte Prozeßschritte (Buried Layers, Polysil-Kontakte bzw. -Gates, Implants und Dotierungstechniken) konnten in der Folge akzeptable CMOS- und Bipolar-Bauelemente produziert werden, ohne daß die Prozeßabfolge zu komplex wurde. Ähnlich wie eine Unterscheidung nach der Wannentechnologie bei CMOS, läßt sich bei BICMOS auch eine Aufteilung in 2 Gruppen nach Art der verwendeten Epitaxie vornehmen:

1. P-Epitaxie kombiniert mit N-Wannen für die P-Kanal-FET und NPN-Transistoren auf der Basis eines P-Substrats

2. N-Epitaxie kombiniert mit P-Wannen für die N-Kanal-FET , ebenfalls auf der Basis eines P-Substrats.

Dicke und Dotierung der Epitaxieschicht haben einen Einfluß auf die Qualitäten der Bauelemente (Spannungsfestigkeit, parasitäre Kapazitäten u.a.). Währenddessen dünne niederohmige Epi-Schichten gute Bipolar-Performance versprechen ist für optimale CMOS-Bauelemente gerade das Gegenteil gefragt. Die Dicke heute verwendeter Epi-Schichten liegt bei ca. 1,5um, nur für ausgesprochene Hochvoltprozesse werden dickere Epi-Schichten benutzt. BICMOS-Prozesse verschiedener Hersteller sind in der Tab.2.1 aufgeführt. Ein typisches Prozeßschnittbild zeigt Abb.2.2. Zur Anwendung kommen heute selbstjustierende Si-Gate-Technologien, die teilweise schon mit einer Polysilizium-Emitter/Kollektor Kontakttechnologie bei den Bipolartransistoren gekoppelt ist. Durch selbstjustierende Polysil-Emitterkontakte können Verstärkung und Grenzfrequenz von Bipolartransistoren erheblich gesteigert werden (siehe Kap.4).

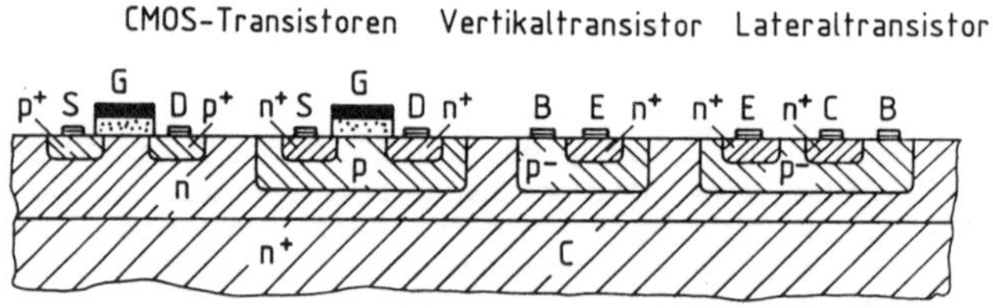

Abb.2.2 BICMOS (npn-Bipolar-CMOS-Prozeß)

Buried-layers unter den Feldeffekttransistoren erhöhen die Latch-Up-Festigkeit der Bausteine erheblich und bei Bipolartransistoren kann der Kollektorbahnwiderstand durch solche vergrabenen Leitschichten um mehr als eine Größenordnung gesenkt werden.

Die bei BICMOS-Bauelementen verwendeten Minimalstrukturgrößen erreichen noch nicht ganz die Werte, wie sie von modernsten CMOS- oder Bipolarprozessen vorgegeben werden, jedoch arbeiten verschiedene Hersteller (Motorola, Honeywell, Telefunken u.a.) auch an Sub-µm-BICMOS-Varianten.

Durch die Mitintegration von bipolaren Komponenten erhöht sich die Prozeßkomplexität um etwa 30-40% gegenüber einem CMOS-Prozeß. Während bei CMOS etwa 8-10 Maskenschritte benötigt werden, ist bei BICMOS mit 12-16 Masken zu rechnen. Hochkomplexe BICMOS-Prozesse, wie z.B. der Doppel-Poly-VHSIC Prozeß der Firma Hughes /2.1/, benötigen bis zu 20 Masken.

Zur Isolation der Bauelemente kommen derzeit vorwiegend Oxidisolationsverfahren (wie z.B. LOCOS) zur Anwendung, währenddessen für Sub-µm-Strukturen Trench Isolationstechniken von verschiedenen Herstellern favorisiert werden. Zur Reduzierung der Hot-Electron-Effekte werden bereits heute von verschiedenen Herstellern modifizierte Dotierungsverfahren im Source-/Drainbereich eingesetzt (Low Doped Drain, Lightly Doped Drain, Double Diffused Drain).

Für digitale Anwendungen sind zunächst Prozesse ausreichend, mit denen neben NMOS- und PMOS-Enhancement-FET auch NPN-Transistoren realisiert werden können. Diese NPN-Transistoren können zu Push-Pull-Treiberstufen verschaltet werden und vermindern dann den Ausgangswiderstand, was sich in einer erheblichen Geschwindigkeitssteigerung gerade bei größeren Fan-outs auswirkt (Abb.2.1, 2.3). Bei kleinen Lasten (f.o.<3) ist das CMOS Grundgatter meist schneller als eine entsprechende BICMOS-Version.

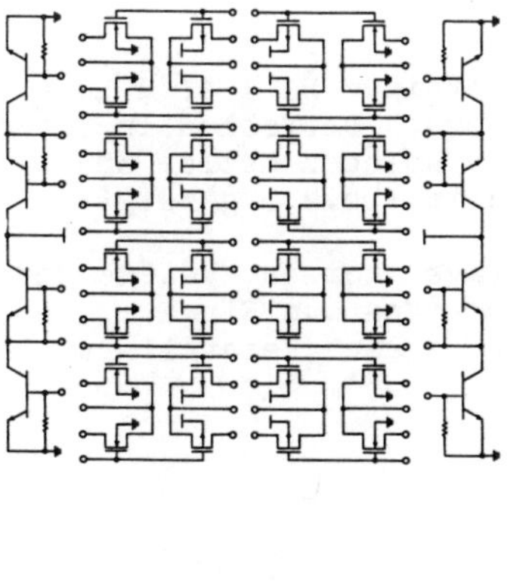

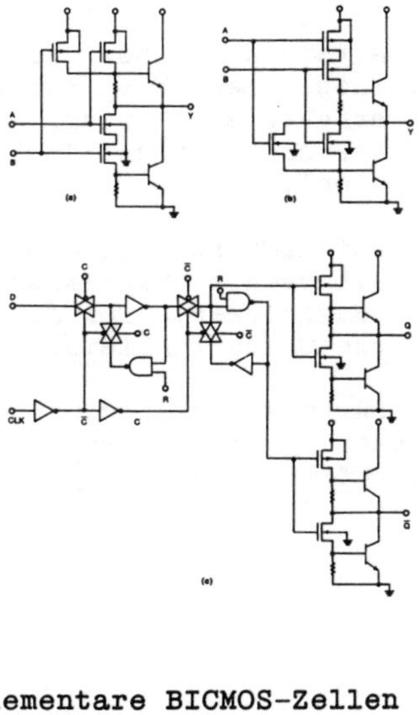

Abb.2.3 Macrozellenblock (nach 2.5)

Elementare BICMOS-Zellen
a) NAND, b) NOR
c) D-Flipflop mit Reset (nach 2.5)

Die statische Stromaufnahme eines BICMOS-Gates unterscheidet sich kaum von der einer CMOS-Version, bei dynamischer Ansteuerung nimmt BICMOS geringfügig (10-20%) mehr Strom auf. Allerdings trifft das nicht für Hochstrom-Buffer zu, hier existiert ein deutlicher Unterschied zwischen BICMOS und CMOS.

2.1.3 BICMOS-MARKTÜBERSICHT

Ein Markt für digitale BICMOS-Kundenschaltkreise hat sich erst in den letzten beiden Jahren etabliert, das Marktvolumen beträgt nach neuesten Zahlen weniger als 50Mio$ (ICE 1988 /2.2/). Dennoch arbeiten fast alle namhaften Halbleiterhersteller weltweit an BICMOS-Lösungen. Außerhalb des Semicustombereiches wird an schnellen Interfacebausteinen und vor allem an BICMOS-SRAM gearbeitet. Allein 4 Firmen (Fujitsu, Hitachi, National Semiconductor, Texas Instruments) wollen in diesem Jahr noch schnelle 256K SRAM mit Zugriffszeiten unter 15ns vorstellen.

Das Angebot digitaler Semicustom-Bausteine beschränkt sich auf Gate Arrays. Einen ersten Überblick gibt Tabelle 2.2. Es werden Komplexitäten von über 10.000 Gatteräquivalenten (Basis: 2-Input-NAND) erreicht. Eine Ausnahme bildet hierbei das LDD 10.000 Array von LSI-Logic, wo deren bereits eingeführte 1,5um Compacted-Array Struktur durch neue BICMOS-Buffer ergänzt wurde. Diese BICMOS-Blöcke werden im I/O-Bereich verwendet, sie können jedoch auch als interne Treiber eingesetzt werden.

Arrays mit einem ausgeglichenen BICMOS-/CMOS-Verhältnis erreichen diese Komplexität nicht, da die Integration von Bipolarstrukturen platzaufwendig ist (dies ändert sich erst mit der Verwendung neuer Isolationsverfahren wie z.B. der Trench-isolation).

Bei AMCC beträgt dieses Verhältnis z.B. 1:4, d.h. auf eine Treiberstufe (zwei NPN-Transistoren) entfallen im Schnitt 8 MOS-Transistoren. Der Aufbau einer solchen Zelle und einige typische Gatterrealisierungen sind in Abb.2.3 gezeigt.

Für das Design von BICMOS-Arrays kommen weitgehend die gleichen Werkzeuge wie bei CMOS-Designs zum Einsatz. Gängige Workstation-Typen werden von fast allen Herstellern unterstützt.

2.2 SOI/SOS-TECHNOLOGIE

2.2.1 ALLGEMEINES

Die Silicon-on-Sapphire-Technologie (SOS) und die neueren Silicon-on-Insulator (SOI) Verfahren erlangen ebenfalls zunehmende Bedeutung im Semicustombereich. Durch ihren Aufbau bedingt sind diese Verfahren sehr widerstandsfähig gegen Soft-Errors infolge von Strahlung und vollkommen geschützt gegen das Auftreten von Latch-Up.

Der weitgehende Wegfall parasitärer Substrat- und Sperrschichtkapazität macht SOS sowie SOI-Varianten mit dicker Isolationsschicht schneller als normale Bulk-CMOS Technologien und senkt deren Leistungsverbrauch. Mit SOI/SOS-Verfahren können außerdem sehr große Packungsdichten erreicht werden, da die Mindestabstände zwischen den Transistoren hier bis auf 1-2um reduziert werden können. SOI besitzt außerdem ein sehr großes Entwicklungsspotential für die Zukunft, da durch sie Basistechnologien für die Integration von 3D-Chips zur Verfügung stehen.

2.2.2 SOS

Bei Silicon on Sapphire werden Saphirsubstrate als isolierende Träger verwendet (Abb.2.4, 2.5). Silizium wird in einem heteroepitaktischen Prozeßschritt auf den Saphir gebracht, wobei die gute Übereinstimmung mit der Saphir-Gitterstruktur ein wesentlicher Faktor für die Erzeugung kristallfehlerarmer Si-Schichten ist. Die Epi-Schicht kann dann mit üblichen Produktionstechniken weiterbearbeitet werden. Außerdem sind bei der Montage Sonderfertigungsschritte (z.B. das Sägen der Wafer durch Lasertrennsysteme) notwendig. Dies macht SOS um ein Mehrfaches teurer als Massiv-Siliziumtechnologien.

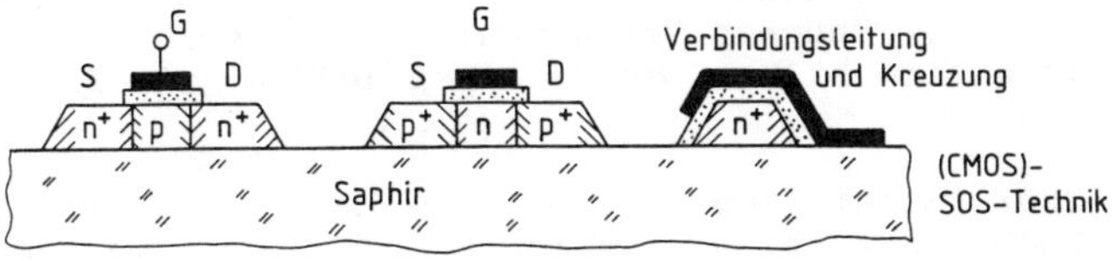

Abb.2.4 Schema eines SOS-Elements

Für die Zukunft will man deshalb neue SOI-Techniken erproben. Man erhofft sich dabei eine Vereinfachung der Produktionsverfahren und eine größere Flexibilität bei neuen Strukturen (3D-Chips).

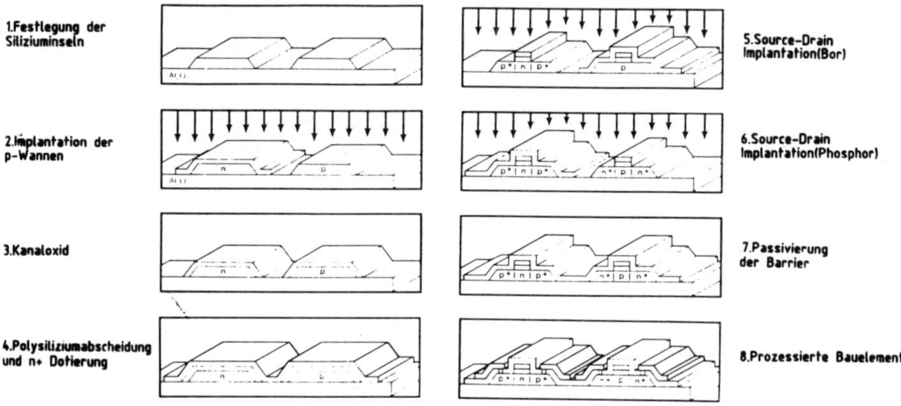

Abb.2.5 SOS-Prozeßschritte (nach 2.8)

2.2.3 SOI-TECHNIKEN

Als Grundproblem der SOI-Technik ist die Forderung anzusehen, möglichst homogene, großflächige Si-Schichten auf einem Isolator wie Siliziumoxid oder Siliziumnitrit abzuscheiden. Es hat sich noch keine einheitliche Prozeßtechnologie hierfür herausgebildet, mehrere Verfahren, die teilweise schon vor der Produktionsreife stehen, versprechen jedoch gute Erfolge:

SIMOX (Separation by Implanted Oxygen). Bei dieser Methode wird eine möglichst dicke Isolationsschicht auf einem Si-Wafer durch die Hochdosisimplantation von Sauerstoff oder auch Stickstoff erzielt (Abb.2.6). Die erreichbare Tiefe liegt bei ca. 200nm für Sauerstoff und 500nm für Stickstoff (300keV). Das nach einem Hochtemperaturannealing entstehende Silizium kann in seiner

Kristallgüte noch durch einen weiteren Epitaxieschritt verbessert werden. Nachteilig wirkt sich aus, daß für SIMOX spezielle Implanter mit bis zur hundertfachen Dosisabgabe im Vergleich zu üblichem Equipment verwendet werden müssen. Der Implantationsvorgang ist außerdem zeitaufwendig (6-7h für 25 Vierzoll-Wafer).

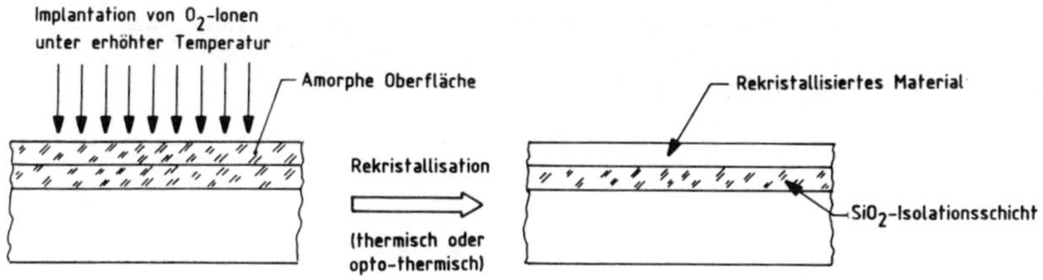

Abb.2.6 SIMOX-Methode

ZMR (Zone-Melting-Recrystallization). Bei diesem Verfahren wird thermisch aufgebrachtes Polysilizium durch partielles Erhitzen geschmolzen und rekristallisiert. Als Wärmequelle kommen neben fokussierten Elektronenstrahlen oder Lasern auch Graphit-Streifenheizer oder spezielle Quarzlampen zur Anwendung.

Es werden derzeit verschieden Methoden, die sowohl mit als auch ohne Saatkristall arbeiten, erfolgreich an Prototypen erprobt. Besonders wichtig bei der Herstellung der bis über 0,5um dicken SOI-Filme ist die genaue Temperaturführung (Abb.2.7).

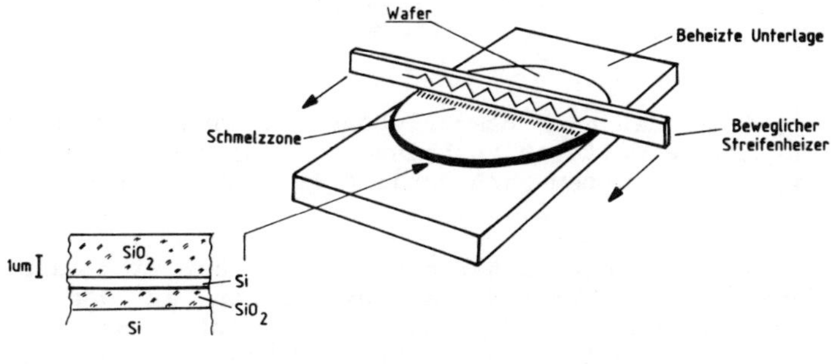

Abb.2.7 Zone-Melting-Recrystallization

FIPOS (Fully Isolated Porous Silicon) verwendet eine Methode, die darauf beruht, daß sich poröses Si leicht thermisch oxidieren läßt. Nach diesem Verfahren werden die aktiven Si-Gebiete zunächst durch das Ätzen von Gräben unterteilt und entsprechend dotiert. Durch die unterschiedliche Dotierung sowie durch aufgebrachte Silizium-Nitrid Deckschichten wird erreicht, das sich in einem weiteren Prozeßschritt eine vergrabene poröse Si-Schicht bildet, die vollkommen unter die Si-Inseln reicht. In einem thermischen Schritt wird nun das poröse Silizium oxidiert und man erhält allseits isoliertes aktives Silizium (Abb.2.8).

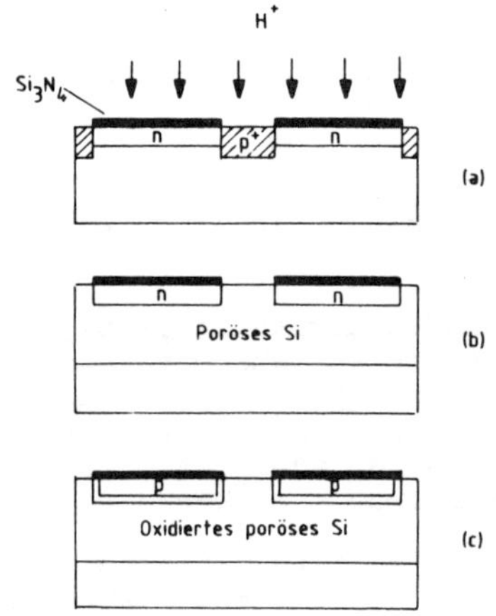

Abb.2.8 FIPOS-Prozeß
(a) N-Implantation zur Umkehrung der Inseln,
(b) Anodisierung zur Erzielung von porösem Silizium,
(c) Oxidation zur Erhaltung isolierter Regionen
(nach 2.10)

Neben den hier beschriebenen Techniken existieren noch eine Reihe weiterer Methoden zur Realisierung von SOI-Schichten, unter anderem auch Bonding-Techniken /2.9/ und weitere Seeding-Methoden /2.11/.

Seeding-Technik hat den Vorteil, daß sich das Kristallwachstum im Rekristallisationsbereich an der Wuchsrichtung vorher produzierter Schichten orientiert. Hierzu sind zwischen den Schichten spezielle Fenster, sogenannte Seed-Windows, implementiert. Eine ausführliche Beschreibung dieser Techniken findet sich in der angegebenen Literatur /2.10, 2.11/.

2.2.4 SOI-SOS-ANWENDUNGEN

Tabelle 2.3 zeigt, daß bei den angebotenen Gate Arrays und Standardzellen vorwiegend herkömmliche SOS-Technologie zur Anwendung kommt. Die Komplexitäten bewegen sich wegen der höheren Substratkosten eher im unteren Bereich und orientieren sich an den Bedürfnissen der - meist militärischen - Anwender.

SOI-Technologie hat bis jetzt im Prototypentest an kleinen Schaltungen seine Funktionsfähigkeit beweisen können. Zu den Spitzenprodukten dieser Technologie zählt sicher ein SLIC der NTT /2.12/. Hier wurde die Funktionalität eines 50V CMOS-Analogschaltkreises auf der Basis eines SIMOX-Substrats demonstriert. Ebenfalls von NTT wird von Arbeiten an einem 16Kbit SRAM, welches bei 2um Design-Rules Zugriffszeiten von 16ns erreichen soll, berichtet. SOI stellt die Basistechnologien zur Verfügung, die zur Herstellung von 3D-Strukturen notwendig sind. Hierdurch wird noch eine wesentliche Steigerung der Integrationsdichte erwartet. 3D-Chips stellen allerdings hohe Anforderungen an Planarisierung und Metallisierung. Ebenso müssen noch Probleme im Bereich des Schaltungsdesigns, insbesondere bei der Simulation komplexer, räumlich verknüpfter Bauelemente gelöst werden.

3D-Strukturen werden zuerst im MOS-Sektor erwartet. Ein mögliches Konzept für eine Mehrlagen-CMOS-Struktur ist in Abb.2.9 gezeigt.

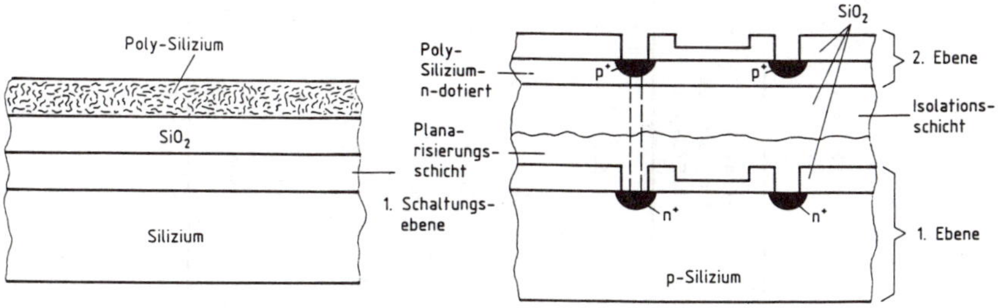

Abb.2.9 3D-Chip-Konzept

Tabelle 2.1 Übersicht verschiedener BICMOS-Semicustom-Prozesse

Anbieter	Typ	Strukturelle Abmessungen CMOS/Bipolar	Epitaxieart	Gatter Verz.-zeit	Buried Layers NMOS	PMOS	NPN	Polysil Kontakte	ft/beta
AMCC	Q12000 Serie	1.5u/1.5u	n-Epi	0.7ns	p+	n+	n+	-	n/a
Fujitsu	Bi-CMOS	1.2u	p-Epi/p-Substr.		-	n+	n+	Emitter	6GHz/100
LSI-Logic	LDD Serie	1.5u/1.5u	n/a	0.45ns	-	-	n+	Emitter	5GHz/80
Motorola	MCA Serie	2u/-	p-Epi/p-Substr.	0.8ns	-	n+	n+	Emitter	n/a
NEC	BICMOS 4/4a	1.3u/1.5u	n-Epi/p-Substr.	0.8ns(f.o.3)	p+	n+	n+	Kollektor Emitter	4GHz/-
Telefunken	BICMOS 2	1um	p-Epi/p-Substr.	<1ns	-	n+	n+	Emitter	2GHz
Toshiba	HS-BICMOS	2um	p-Epi/p-Substr.	2.2ns(f.o.3)	-	n+	n+	Kollektor Emitter	5GHz/50-150

Tabelle 2.2 Übersicht ausgewählter BICMOS-Gatearrays

Anbieter	Typ	Equiv. Gates(1)	Delay(2) in nsek	f max(3) in MHz	Verlustl. in mW (4)	Prozess
AMCC	Q12000B	2100-9072	0.7	240	0.02/1MHz	1.5u Twinwell DLM
AMCC	Q14000B	13440 (5)	0.7			1.5u Twinwell TLM
Fujitsu	BC-Series	645-3240	0.6	180	4.5	1.5u BICMOS DLM
Hitachi	HGA 28	630-2550	0.8		0.22/10MHz	1.2u HI-BICMOS
LSI Logic	LDD10000	8000-45000(6)	0.57			1.5u Twinwell DLM
Motorola	BCA-Ser.	700-7500	0.8	150	3.3	2u CMOS/1.5u Bip.DLM
NEC	BICMOS4/4A	600-10000(6)	0.67	200	3.6	1.5u CMOS/1.5u Bip. DLM
	BICMOS-5	5k-20K(5)	0.45	300	5.4	1.3u CMOS/1.2u Bip. DLM

(1) = Equivalent Gate Count; Anzahl der nutzbaren Gatter hängt vom Arraytyp (z.B. bei der Verwendung von Makrozellen) und von der Routereffizienz ab
(2) = typ. Wert für 2 Input NAND mit fan out = 2 and 1 mm Verdrahtungslänge
(3) = max. Flip-Flop-Toggle-Frequenz
(4) = Gatterverlustleistung bei Frequenz(3)
(5) = Sea of Gates
(6) = BICMOS-Zellen im I/O-Bereich und spezielle BICMOS-Treiberzellen benutzbar

Tabelle 2.3 Übersicht ausgewählter CMOS/SOS – Semicustom-Chips

	Anbieter	Typ	Equiv. Gates	Gate-Delay in nsek	f max in MHz	Verlustl. in mW	Prozess
Gate-Arrays:	Control Data	VLSI6000	-8500	0,8	40	0.24	2u SOS
	GE/RCA	PA60000	650-1200(2)	2.0	10	0.15	4u SOS SML
	Marconi	MA9000	748-4048(3)	1.2	60	0.1	2.5u SOS DML
Cell-Arrays:	ASEA-Hafo	SOS3		2.0	50	0.1	3u SOS SML
	ASEA-Hafo	SOS4		1.2	150	0.03	2u SOS DML
	Marconi	CELLSOS		5	25		5u SOS SML
	Marconi	CELLSOS		1.2	70		2.5u SOS DML
	McDonnel-Douglas	SOS-Cell-array		2.0	30	0.6	4u SOS
	GE/RCA	CMOS/SOS-Cell		0.7	40	0.32	1.2u SOS

Anmerkung: Neue Prozesse unter Entwicklung u.a. bei GE/RCA 1.25u CMOS/SOS
Rockwell 1.25u SOS

3 INTEGRIERTE LOGIK IN GALLIUMARSENID (GaAs)-TECHNOLOGIE

Obwohl es noch erhebliche Schwierigkeiten bei der Herstellung und Verarbeitung von GaAs gibt, erlaubt dieser Halbleiter sowohl Realisierungen von Analog- und Digitalschaltungen im Höchstfrequenzbereich als auch die monolithische Integration von Systemen im Bereich der Optoelektronik.

Durch verbesserte Herstellungsmethoden und neue Bauelementestrukturen kann der Geschwindigkeitsvorteil (Faktor 3-5), den GaAs bei gleicher Strukturgröße gegenüber Silizium bietet, voll ausgenutzt werden. GaAs kommt zudem bei gleicher Geschwindigkeit mit niedrigerer Betriebsspannung aus, was Vor- und Nachteil sein kann (Verlustleistung kontra 5V-Kompatibilität). Interne Gatterverzögerungszeiten im 30ps-Bereich (ohne Load) und andererseits Komplexitäten bis zu 6.000 Gates bei Semicustom sind nicht mehr unmöglich. Voraussetzung für GaAs-LSI-Komplexitäten sind allerdings leistungssparende Schaltungsstrukturen, wie sie z.B. mit E/D-MESFET in einer NMOS-ähnlichen Logik erreicht werden können. Auf dem Analogsektor nehmen monolithische Mikrowellenhalbleiter (MMIC) eine technologische Spitzenstellung ein. Es werden Verstärker, Mixer und Oszillatoren für Frequenzen bis über 30GHz integriert.

Während zunächst komplexere GaAs-Schaltkreise nur für einen speziellen Kundenkreis und vornehmlich in Forschungsinstituten hergestellt wurden, hat sich in den letzten 3 Jahren GaAs-Technologie auch im Semicustom-Bereich fest etabliert. Dies gilt insbesondere für digitale Schaltungen, die aufgrund zunehmenden Interesses im folgenden Bericht besonders ausführlich betrachtet werden sollen (s. auch /3.1/, /3.2/, /3.4/).

3.1 GALLIUMARSENID - EINE FORTSETZUNG DER SI-TECHNOLOGIE?

GaAs hat als Werkstoff gegenüber Silizium bestimmte Vorteile:

1. bis zu fünfmal schneller als vergleichbare Si-Schaltkreise, unter anderem bestimmt durch die höhere Elektronenbeweglichkeit

2. hohe Beständigkeit gegenüber ionisierender Strahlung (bis zu 10E10 Rad)

3. großer nutzbarer Temperaturbereich (+/-200 Grad und mehr)

4. Semiisolierendes Substrat bringt geringere parasitäre Bauelementekapazitäten mit sich

5. eignet sich für rauscharme analoge Höchstfrequenzschaltungen

Zu den Nachteilen des Verbindungshalbleiters zählt:

1. GaAs-Verarbeitung erfordert technologische Sondermaßnahmen

2. immer noch ungenügender Standard bei der Substratherstellung (Wafergröße max. 3 Zoll, Preise 10-20 mal höher als bei vergleichbarem Silizium, nicht zufriedenstellende Waferqualität)

3. zu hohe Streuung der Prozeßparameter (z.B. bei Thresholdspannungen mit Auswirkungen auf die erreichbare Komplexität).

4. Sprödigkeit des Grundmaterials verlangt prozeßtechnische Automation

5. kein eigenes Oxid

Hier muß aber einschränkend bemerkt werden, daß bis auf 5. keiner dieser Punkte zu fundamentalen Problemen führt, sondern es handelt sich um Anfangsschwierigkeiten, wie sie auch zu Beginn der Siliziumära bestanden. Bei der Lösung dieser Probleme kommen zudem der GaAs-Technologie auch gewisse synergetische Effekte aus dem Si-Sektor zugute.

Ablösen wird GaAs die Si-Technologie in Zukunft sicher nicht, aber durch seine Vorteile bei ausgewählten Applikationen (Optoelektronik, Höchstfrequenztechnik) kann es bei fortschreitendem Prozeß-Know-how seine Marktanteile spürbar vergrößern.

3.2 REALISIERUNG VON GATTERLOGIK MIT GaAs-SCHALTKREISEN

Bedingt durch die vorhandenen technologischen Möglichkeiten haben sich verschiedene Logikfamilien speziell für digitale GaAs-Schaltkreise herausgebildet; die Mehrzahl basiert auf FET-Strukturen (z.B. BFL, SBFL, UFL, SDFL, DCFL u.a.). Für ausgewählte Anwendungsfälle kommen allerdings auch bipolare GaAs-Technologien zum Einsatz /3.2/.

3.2.1 LOGIKFAMILIEN MIT DEPLETION-MESFET

3.2.1.1 BFL - BUFFERED FET LOGIC

Die älteste, von HP bereits 1974 eingeführte, BFL benutzt den D-MESFET als Schalter und aktive Last.

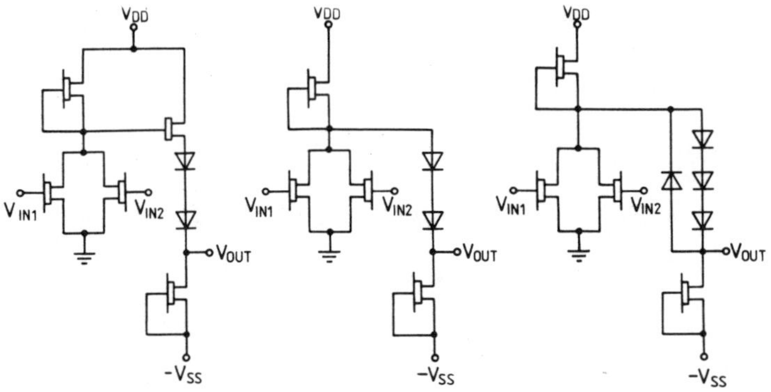

Abb.3.1 BFL Abb.3.2 UBFL Abb.3.3 CEL

Zur Anpassung von Eingangs- und Ausgangspegel sind Schottky-Dioden vorgesehen. Durch diese Levelshifter und die Sourcefolger-Stufen ergibt sich ein hoher Leistungsverbrauch und Platzbedarf pro Basiszelle, was den Einsatz bei VLSI-Schaltkreisen verhindert. Die zusätzliche Bufferstufe verleiht der Buffered FET-Logik gute Treiberfähigkeit und hohe Geschwindigkeit. Eine leistungssparende Variante der BFL ist UFL (Unbuffered FET Logic). Durch die Einsparung des Buffer-Zweigs nimmt allerdings die Geschwindigkeit der Gates bei hohem Fan-out stark ab. Eine Unterart der UFL ist wiederum CEL (Capacitively Enhanced FET Logic), bei der zur Verbesserung des Schaltverhaltens eine kapazitiv wirksame Diode parallel zu den Levelshift-Dioden geschaltet ist.

3.2.1.2 SDFL - SCHOTTKY DIODE FET LOGIC

Eine weitere D-MESFET Logikfamilie ist SDFL. Charakteristisch ist ein Schottky-Diodennetzwerk am Eingang zur Bildung der logischen Verknüpfung und zur Pegelanpassung. Es wird ein geringerer Platzbedarf pro Basiszelle und eine geringere Verlustleistung erreicht, allerdings auf Kosten des max. möglichen Fan-outs (<3).

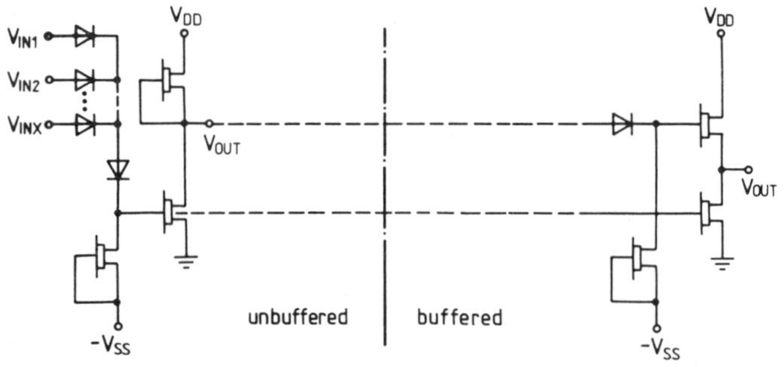

Abb.3.4 Schottky-Diode FET Logic (SDFL)

Um dies zu verbessern, ist eine Variante mit Buffer entstanden, welche Push-Pull-Stufen mit aktivem Pull-Down benützt.

3.2.1.3 CDFL - CAPACITOR DIODE FET LOGIC

Es handelt sich hier um eine modifizierte SDFL. Als Pegelumsetzer werden kapazitiv überbrückte Schottky-Dioden mit aktiver Last als Pulldown eingesetzt. Die Kapazitätsdiode verbessert das dynamische Schaltverhalten. Als Ausgangsstufen finden verschiedene Varianten, z.B. Push-Pull-Strukturen oder Buffer mit aktiver Last und Strombegrenzung Anwendung.

Mit CDFL konnten schnelle Schaltkreise bei moderatem Stromverbrauch realisiert werden. Aufgrund der großen Bauelementezahl ist der Platzbedarf pro Basiszelle allerdings recht hoch.

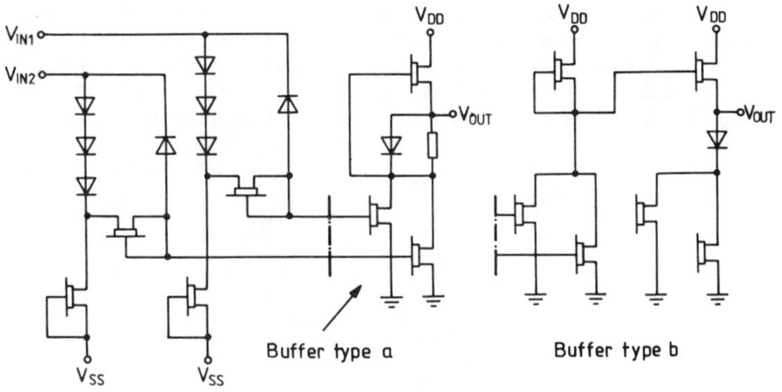

Abb.3.5 Capacitor-Diode FET Logic (CDFL, 2-Input-NOR)

3.2.2 LOGIKFAMILIEN MIT ENHANCED-/DEPLETION-MESFET

3.2.2.1 DCFL - DIRECT COUPLED FET-LOGIC

DCFL-Schaltungen besitzen eine einstufige NMOS-ähnliche Struktur: D-MESFET als aktive Last gegen Vdd und zur Bildung des logischen Netzes. E-MESFET DCFL weist geringen Leistungsverbrauch bei guter Flächeneffizienz auf. Die Schaltgeschwindigkeit nimmt jedoch bei größerem Fanout stark ab.

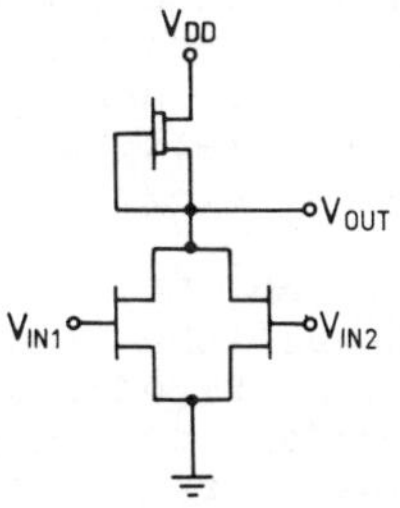

Abb.3.6 Direct-Coupled FET Logic (DCFL)

3.2.2.2 SBFL - SUPERBUFFERED FET LOGIC

Erweitert man DCFL-Gates mit einer Push-Pull-Kombination aus zwei niederohmigen E-MESFET, so kann das Fan-Out-Problem der DCFL Gates bei nur unwesentlich höherem Leistungsverbrauch behoben werden. Diese SBFL oder BDCFL genannten Schaltungen haben natürlich eine geringere Platzeffizienz als DCFL.

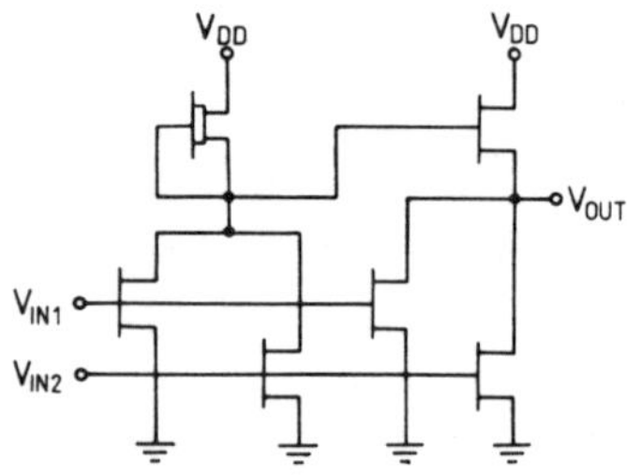

Abb.3.7 Superbuffered FET Logic (SBFL)

3.2.3 LOGIKARTEN MIT BIPOLAREN TRANSISTOREN

Die Realisierung von Bipolartransistoren in GaAs – Technologie ist aufwendiger als im Silizium. Erste Versuche diffundierte GaAs-Transistoren herzustellen, führten zu enttäuschenden Ergebnissen hinsichtlich der erwarteten Stromverstärkung und Grenzfrequenz. Erst Ende der siebziger Jahre gelang mit der Herstellung von ionenimplantierten Heterojunction Bipolar-Transistoren (HBT) der Durchbruch. Wegen der komplizierteren Herstellung (z.B. durch Einsatz von MBE) sind bipolare GaAs-Logikschaltungen nicht sehr verbreitet, obwohl Forschungslabors die Machbarkeit verschiedener Strukturen mehrfach bewiesen haben /3.2/,/3.6/.

Es kommen mehrheitlich Dioden-Transistor-Logiken (MTTL, MSTL) oder auch I2L-ähnliche Konzepte (HI2L) zum Einsatz (Abb.3.8). Die aus der Si-Bipolartechnik übernommenen Logikstrukturen benutzen wegen des Geschwindigkeitsvorteils nur npn-Heterojunction-Transistoren. Die Verknüpfung der Mehrfachausgänge (bei HI2L, HSTL) wird ähnlich wie in der verwandten Si-Technik (z.B. mit wired AND, wired NOR) durchgeführt.

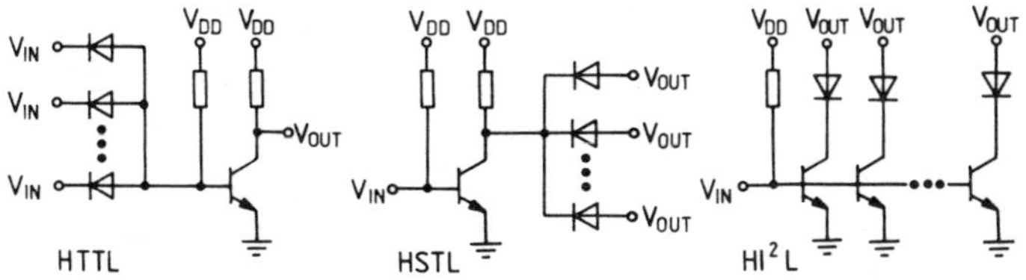

Abb.3.8 Bipolar-Logik-Anwendungen mit HBT

Die erreichbaren Geschwindigkeiten sind über den Arbeitsstrom der bipolaren Gatter beeinflussbar. Mit HI2L können z.B. Schaltzeiten von 300ps bei 2mA/Gate (600pJ) und einem Fan-out von 4 erreicht werden. Von den Schaltzeiten her ist HI2L durchaus mit SBFL vergleichbar, der Leistungsverbrauch liegt jedoch höher. Bei der Flächeneffizienz der Basiszellen und dem Störabstand schneidet HI2L gegenüber den FET-Technologien besonders gut ab. Bei den genannten Werten wurde eine kritische Strukturgröße der Bipolartransistoren von 5um vorausgesetzt. Durch Größenreduktion, z.B. mit selbstjustierenden Prozessen, sind noch wesentliche Fortschritte zu erwarten.

3.2.4 GEGENÜBERSTELLUNG DER VERSCHIEDENEN LOGIKTYPEN

Aus den technologischen Möglichkeiten heraus haben sich mehr als ein Dutzend Logiktypen als machbar und einsetzbar erwiesen (Abb.3.1-3.9).

Alle Gatterformen, die nur mit D-MESFET aufgebaut sind, benötigen zwei Versorgungsspannungen zur Funktion. Die Höhe der Spannungen ist für den performanceoptimierten Betriebsfall ausgelegt und richtet sich nach den Gegebenheiten des Prozesses (Threshold u.a.) und der gewählten Gatterstruktur. Sie liegen im allgemeinen niedriger als die bei Si-ECL üblichen Versorgungsspannungen.

Wegen des negativen Thresholds der D-MESFET (typ. 0,8-1V) sind zwischen den Gattern Pegelumsetzer notwendig. Diese Levelshifter, welche je nach Logiktyp teilweise noch mit Bufferstufen kombiniert sind, benötigen zusätzlichen Platz, verbrauchen Leistung und reduzieren die Schaltgeschwindigkeit.

So haben D-MESFET-Gatterformen etwa die 5-10fache Verlustleistung (typ. 3-10mW) verglichen mit Logikarten, die mit einer Kombination aus E/D-MESFET aufgebaut sind. Dieser Umstand schränkt natürlich die Chipkomplexität bei den leistungsintensiven Depletion-Logiktypen stark ein.

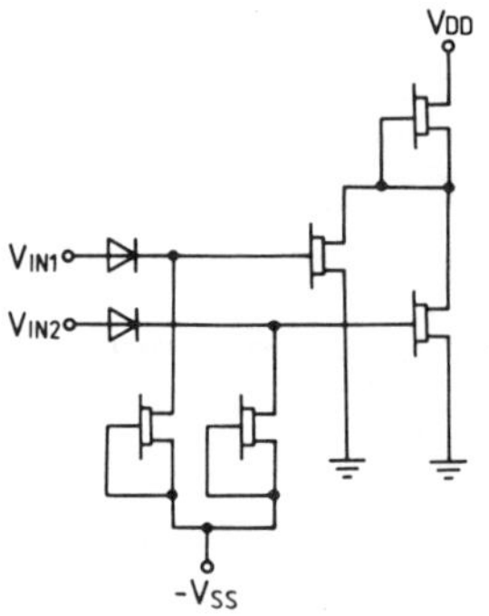

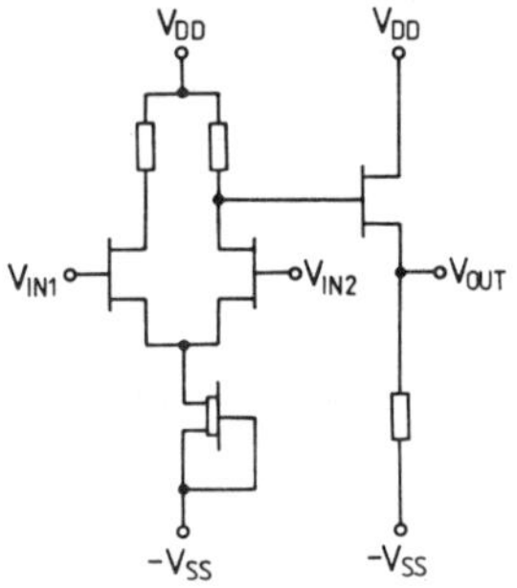

Abb.3.9a Shottky-Diode-Levelshifter Capacitor-Coupled FET-Logic (SLCF)

Abb.3.9b Source Coupled FET-Logic (SCLF)

Durch veränderte Kanaldotierung und -tiefe können E-MESFET hergestellt werden. Bei erzielbaren Thresholdspannungen zwischen +0,15 und +0,3V sind Störabstand und damit auch Ausbeute geringer als bei Depletion-Logik. Allerdings lassen sich mit E/D-MESFET nun Gatter mit geringem Stromverbrauch (typ. 0,1-0,5mW) in einer NMOS-ähnlichen Logik aufbauen (z.B. DCFL). Die Strukturen eignen sich zudem auch für LSI-Anwendungen (Trend: 6.000 Gatter in 1988 bzw. 10.000 Gatter/1990). Technologieschnittbilder für E- und D-MESFET zeigt Abb.3.10.

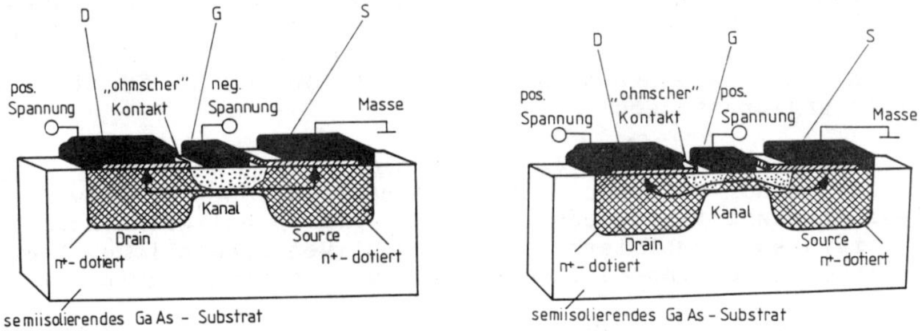

Abb.3.10 D-MESFET E-MESFET

Zur Verbesserung der Treibereigenschaften von DCFL sind Varianten mit verschiedenen Buffertypen entwickelt worden (SBFL, BDCFL). Da z.B. Push-Pull-Stufen praktisch keinen zusätzlichen Stromverbrauch aufweisen, wirkt sich hier nur der zusätzliche Platzbedarf negativ aus. Gepufferte DCFL hat ein höheres Fan-out. Der Störabstand konnte auch durch die Einführung von kapazitiv wirkenden Dioden oder durch seriell zum Eingang geschaltete Dioden verbessert werden.

Die hier geschilderten Sachverhalte sind in Tab.3.1 für die wichtigsten Logikarten nochmals kurz zusammengefaßt. Mit den in der Tabelle 3.2 angegebenen typischen Kennwerten von GaAs-Gatearrays erhält man einen ersten Überblick über den Stand der Technik. Die Zahlenwerte der Hersteller entstammen zumeist Messungen an Ringoszillatoren oder an anderen typischen Gatterstrukturen und gelten nur für typische Betriebsbedingungen.

Die Gesamtverzögerungszeit eines Gatters bildet sich aus der reinen Gatterschaltzeit, aus den Delays entsprechend der vorliegenden Fan-In und Fan-Out Konstellation und aus der leitungsabhängigen Verzögerung. Die durch die kapazitive Wirkung der Crossovers bedingte zusätzliche Verzögerung, die in der Größenordnung von ca. 0,5ps pro Crossover liegt, ist beim Verdrahtungsanteil zu berücksichtigen.

Der angegebene Flächenbedarf bezieht sich auf eine Basiszelle, die je nach Logikfamilie und Hersteller unterschiedliche Komponenten enthält. Zumeist läßt sich mit einer Basiszelle ein 3fach NOR realisieren.

3.3 TECHNOLOGISCHE BESONDERHEITEN IN DER HERSTELLUNG VON GaAs-BAUELEMENTEN

Die weitere Verbreitung von GaAs-Bauelementen ist stark vom Fortschritt bei wichtigen Prozeßschritten abhängig. Das folgende Kapitel soll einige, zur Zeit typische, Probleme der GaAs-Technologie aufzeigen. Allgemeine Betrachtungen zur Zukunft der Technologie werden im Kap.8 behandelt.

3.3.1 KRISTALLHERSTELLUNG

Die Herstellung von versetzungsfehlerfreien Wafern ist bei Silizium, jedoch noch nicht bei GaAs möglich. Zur wirtschaftlichen Produktion von hochintegrierten Schaltkreisen sind weitgehend homogene Halbleitersubstrate ohne Kristalldefekte erforderlich. Die primär zum Tragen kommenden Versetzungsfehler (Dislocations) wirken sich auf die Toleranzen elektrischer Kennwerte, wie z.B. die Streuung der Thresholdspannungen bei GaAs-MESFET aus. In der Literatur werden mehrere Kristallherstellungsverfahren beschrieben /3.3/, /3.7/, /3.8/:

1. Liquid Encapsulated Czochralski (LEC), arbeitet als low pressure (=L-LEC) oder auch high pressure (=H-LEC, Abb.3.11) Verfahren. Die Kristallisation von kreisförmigen Substraten mit max. 3 Zoll Durchmesser erfolgt in einem Druckbehälter. Der Kristall wird aus einer Schmelze gezogen. Die Schmelze ist mit einem Encapsulant (z.B. Boroxid) bedeckt, um unerwünschte Ausdiffusion der Komponente mit dem niedrigeren Schmelzpunkt (As) zu verhindern. Die Bildung von Versetzungsfehlern ist auf eine ungünstige Temperaturführung im Bereich der Kristallisationsebene zurückzuführen. Es werden derzeit verschiedene Ansätze zur Lösung dieses Problems (z.B. bessere Temperaturkontrolle, erreicht durch ein auf die Schmelze einwirkendes Magnetfeld) erprobt. Mit LEC lassen sich neben GaAs auch GaP- und InP- Verbindungshalbleiter herstellen.

2. Horizontal Bridgeman (HB, Abb.3.12) - hier wird geschmolzenes Gallium mit gasförmigem Arsen unter Wärmezufuhr in einem waagrechten Tiegel zur Kristallbildung gebracht. Durch getrennte Heizsysteme für das Ga-Schmelzbad und das As-Reservoir ist der Prozeßablauf steuerbar. Es können nur D-förmige Substrate in Form des Tiegels gewonnen werden. Das Verfahren ist nur für GaAs-Substrate anwendbar.

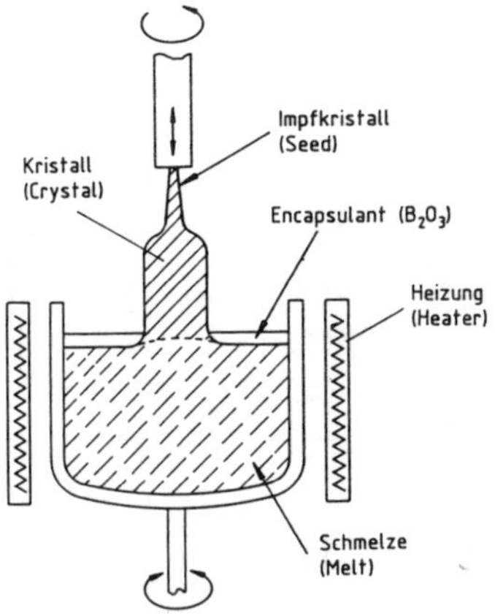

Abb.3.11 Liquid Encapsulated Czochralski Prozeß (LEC)

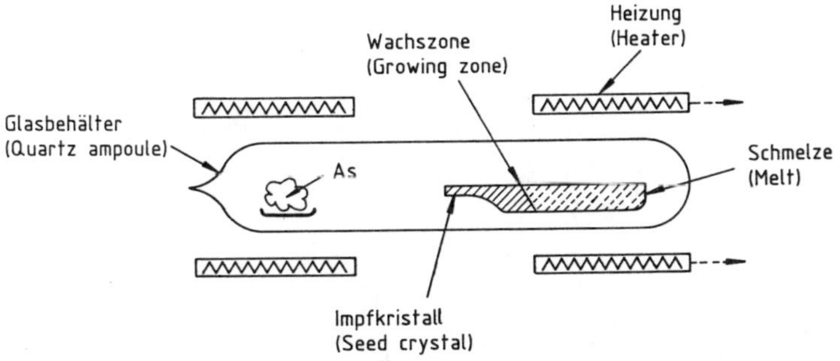

Abb.3.12 Horizontal Bridgeman Verfahren (HB-Methode)

3. Vertikal Gradient Freeze (VGF, Abb.3.13); bei diesem, ebenfalls im Druckbehälter ablaufenden, Verfahren handelt es sich um eine Art "Zonenschmelzverfahren". Von außen gesteuerte Temperaturführung bestimmt den Vorgang der in horizontaler Ebene stattfindenden Kristallbildung. Arsen oder ein anderes Gruppe-V-Element wird hierbei in einem separaten Reservoir erhitzt. Die Verbindung des geschmolzenen Ga mit dem gasförmigen As erfolgt in einem senkrechten röhrenförmigen Behälter.

   Eine Verfeinerung dieses Verfahrens ist die Gault-Methode. Es können qualitativ hochwertige III-V-Verbindungshalbleiter (GaAs, GaP, InP) hergestellt werden, wobei von Versetzungsfehlerdichten von nur 800-2000/cm2 bei runden 50mm-Wafern berichtet wird.

Von den hier kurz beschriebenen Verfahren kommt LEC am häufigsten zur Anwendung. Die Versetzungsfehlerdichte liegt bei 25.000-75.000/cm2. Es können runde Wafer bis 3 Zoll Durchmesser (üblich bei Silizium 6 Zoll) hergestellt werden. Größere Waferdurchmesser (4 Zoll) werden für 1989/90 anvisiert. Untersuchungen der Gault-Methode haben um den Faktor 10 kleinere Versetzungsfehlerdichten im Vergleich zu den besten LEC-Ergebnissen demonstriert.

Die Qualität von HB liegt mit 10.000-30.000 Versetzungen/cm2 zwischen den beiden anderen Verfahren.

Wegen der aufwendigeren Herstellung liegen die GaAs-Waferpreise im Vergleich zu Silizium um den Faktor 10-20 höher (3 Zoll GaAs-Wafer z.B. ca. 250$).

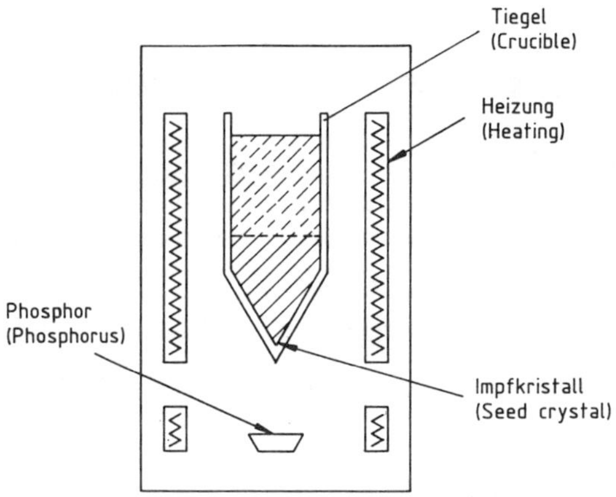

Abb.3.13 Vertical Gradient Freeze-Verfahren

3.3.2 EPITAXIEVERFAHREN

Von den z.Z. bekannten Epitaxieverfahren haben MBE (Molecular Beam Epitaxy) und MOCVD/MOVPE (Metallo-Organic Chemical Vapor Deposition/Vapor Phase Epitaxy) gerade für die Herstellung von GaAs-Bauelementen besondere Bedeutung erlangt (Abb.3.14,3.15). Beide Verfahren erlauben die Epitaxie dünner Schichten, wie sie z.B. für HBT (Heterojunction Bipolar Transistoren) und HEMT (High-Electron-Mobility Transistoren) notwendig sind /3.9/. Als weiteres interessantes Anwendungsgebiet ist hier zudem der Composite Wafer Sektor (z.B. GaAs on Silicon) anzusehen.

3.3.2.1 METALLORGANISCHE CHEMISCHE GASPHASENABSCHEIDUNG

Die Epitaxie bei MOCVD beruht auf der pyrolytischen Reaktion eines Gasgemisches mit dem auf 600-800 Grad Celsius erhitzten Substrat. Zur Herstellung von GaAs-Schichten werden Trimethyl-Gallium und Arsen in Gasform verwendet. Der Prozeß läuft in einer Reaktionskammer ab, welche über Ventile mit den Gasquellen verbunden ist. Die Aufwachsgeschwindigkeit kann in weiten Grenzen zwischen 1nm/min und 10um/min durch Kontrolle von Temperatur und Flußgeschwindigkeit des Gases variiert werden. Für Serienfertigung eignen sich Multi-Wafer-Processing Anlagen mit einem Durchsatz von bis zu 50 Wafern pro Run.

Durch optimiertes Gerät (computergesteuerte Prozeßführung, keine 'toten' Räume in der Reaktionskammer, schnelle Ventile) wird die Gasführung noch weiter verbessert. Es sollen abrupte Sperrschichtübergänge von wenigen Atomlagen Dicke möglich sein (dies kommt dann fast den mit MBE erzielbaren Ergebnissen gleich). Die durchschnittlichen Investitionskosten für eine MOCVD-Anlage liegen bei 250.000-400.000$.

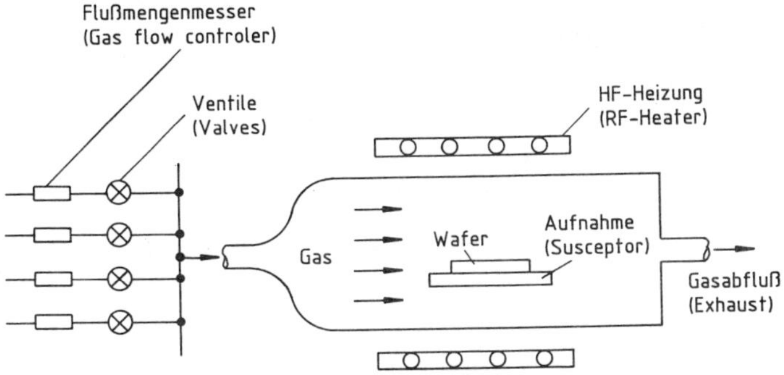

Abb.3.14 Metallo-Organic Chemical Vapour Deposition (MOCVD)

3.3.2.2 MOLEKULARSTRAHLEPITAXIE

In einer Hochvakuumkammer (p=10E-11 Torr) wird das Substrat aus beheizten Molekülquellen (Effusionszellen) beschossen. Die zu Strahlen gebündelten Ionen lagern sich in dünnen einkristallinen Schichten auf dem Substrat an. Wegen der sehr geringen Aufwuchsrate von weniger als 1um/h ist das Verfahren nicht sehr wirtschaftlich. Mit heutigem Equipment kann nur 1 Wafer/Run verarbeitet werden.

Man arbeitet jedoch an Vorrichtungen (z.B. Vakuum-Schleusen, rotierende Träger), die den Durchsatz verbessern sollen. Die Investitionskosten einer MBE-Anlage liegen bei 0,75-2Mio$, wobei hier ein Großteil der Aufwendungen für das Hochvakuum-Equipment notwendig ist.

Ein großer Vorteil des MBE-Verfahrens ist die gute Kontrollierbarkeit der Aufwuchsrate, es können selbst feinste Schichten im 10nm-Bereich realisiert werden. Abrupte Sperrschichtübergänge im Bereich weniger Atomlagen sind kein Problem. Ein weiterer Vorteil der MBE ist die Möglichkeit der Waferprozessierung bei niedrigen Temperaturen.

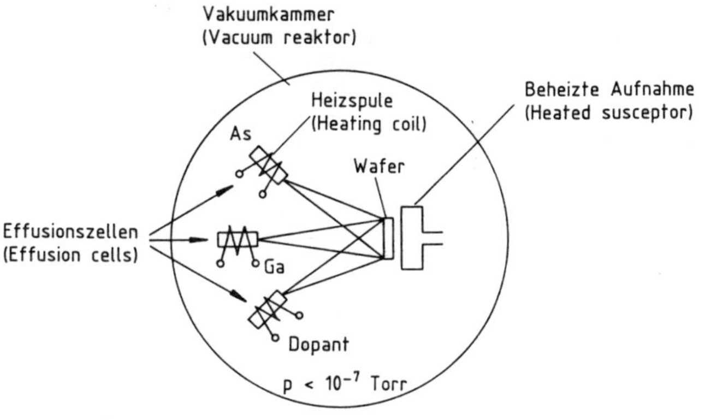

Abb.3.15 Molecular Beam Epitaxy-System (MBE)

3.3.2.3 CHEMICAL BEAM – EPITAXY

Chemical Beam Epitaxy (CBE, Abb.3.16) versucht die Vorteile von MBE und MOCVD miteinander zu verbinden. Es wird ein Vakuumreaktor (p=10E-4 Torr) verwandt, bei dem die Effusionszellen durch Gasinjektoren ersetzt wurden. Durch das Vakuum

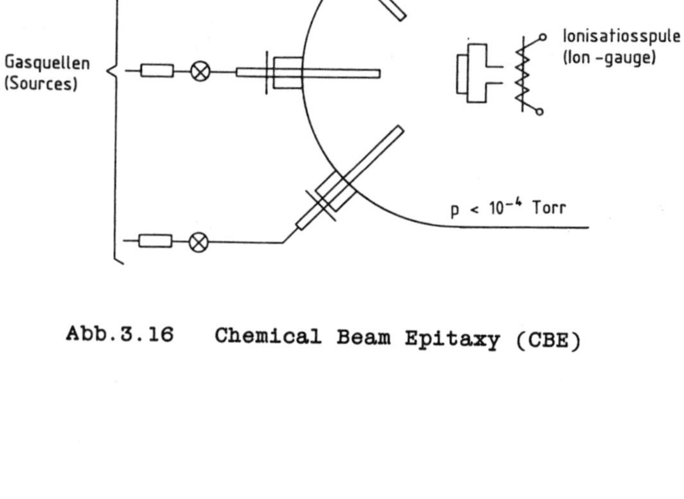

Abb.3.16 Chemical Beam Epitaxy (CBE)

bedingt, ist der Gasfluß gut steuerbar. Das Wechseln der Prozeßgase kann praktisch ohne Unterbrechung des Epitaxievorgangs erfolgen. Man erwartet ähnliche Aufwuchsraten wie bei MOCVD bei erheblich verbesserter Qualität der erzeugten Epitaxieschichten.

3.3.2.4 SONSTIGE PROZESSTECHNISCHE EINFLÜSSE

GaAs besitzt noch weitere Eigenschaften, die bei monoatomaren Halbleitern nicht beachtet werden müssen. Wichtige Unterschiede im Vergleich zur Si-Technologie sollen deshalb hier noch angesprochen werden:

1. Wegen des höheren Dampfdrucks diffundiert die Arsenkomponente bei Temperaturen oberhalb 550 Grad aus. Hochtemperaturprozeßschritte müssen auf dieses Verhalten abgestimmt sein, ggf. sind zusätzliche Vorkehrungen, wie z.B. das Aufbringen von Deckschichten erforderlich.

2. GaAs bildet kein natürliches Oxid bei Erhitzung. Oxidschichten, wie sie für Abdeckung, Isolation und Passivierung benötigt werden, müssen durch spezielle Prozeßschritte gewonnen werden. Hierfür kommen Verfahren wie Plasma-Enhanced-CVD (PECVD) oder anodische Oxidation zur Anwendung. Bei FET muß das Gateoxid durch einen Metall-Halbleiterkontakt (Schottky-K.) ersetzt werden.

3. Thermische Diffusionsprozesse sind in GaAs schlechter steuerbar. Es wird deshalb hauptsächlich Ionenimplantation eingesetzt (bei MBE können eventuelle Dotierungsvorgänge gemeinsam mit Epitaxieprozessen durchgeführt werden). Bei der Ionenimplantation von MESFET kommen vorwiegend selbstjustierende Prozesse zur Anwendung (SAG/self-aligned Gate, SAINT/self-aligned implantation for n-layer technology). Das vorher aufgebrachte Gate-Metall dient hierbei gleichzeitig zur Festlegung der Kanalstruktur. Das anschließende Ausheilen bei Temperaturen um 800 Grad Celsius erfordert die Auswahl von widerstandsfähigen Gate-Materialien, wie z.B. Wolframsilicid. Sekundäre Effekte, wie z.B. die Ausdiffusion von Dotiermaterial in das Kanalgebiet während des Annealings erschweren die Reproduzierbarkeit der Thresholdspannungen.

4. GaAs-Wafer sind sehr zerbrechlich. Bei immer größeren Wafern sind automatische Wafer-Transport-Einrichtungen geradezu eine Voraussetzung. 'Cassette-to-Cassette Wafer-Handling' soll den 'Risikofaktor Mensch' möglichst ausschließen.

5. Bei Mehrlagenverdrahtung werden bei GaAs-Schaltungen häufig "Luftbrücken" (Air Bridges) verwendet. Diese Kreuzungsart zweier metallischer Leiter besitzt aufgrund des Dielektrikums beste elektrische Eigenschaften. Zwischen unterer und oberer Metallage befindet sich dabei zunächst eine strukturierte Resistschicht, die später chemisch entfernt wird.

6. Bei der Herstellung von Verdrahtungslagen kommen aufgrund der oft verwendeten Mehrfachlegierungen AuGeNi und TiPtAu für Kontakt- und Leiterstrukturierung eher Lift-off Techniken als übliche Ätzprozesse in Frage. Bei Lift-off Verfahren kommt es nicht zur Unterätzung, was besonders für feine Strukturen bedeutend ist. Im Gegensatz zu normalen Verfahren wird hier zuerst das Negativbild der Leiterstruktur als Resist aufgetragen. Danach wird Metall durch Sputtern oder Aufdampfen aufgebracht und zuletzt wird das Resist mit dem überflüssigen Metall entfernt.

Eine schematische Darstellung der Prozeßschritte für planare GaAs-Transistoren zeigt Abb.3.17.

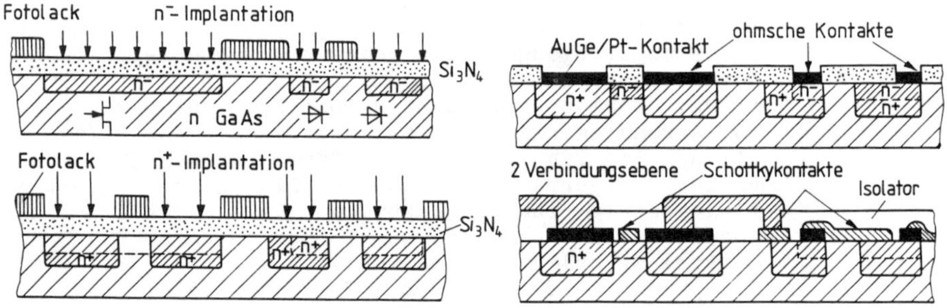

Abb.3.17 Prozeßschritte einer Planar GaAs-Technologie

Viele der mit dem GaAs-Herstellungsprozeß zusammenhängenden Fragen konnten hier nur kurz angesprochen werden. Informationen zu technologieübergreifenden Themen findet man in Kap.8. Weiterführende Schriften können dem Literaturverzeichnis entnommen werden.

3.3.2.5 GaAs-MISCHTECHNOLOGIEN

Weitere Möglichkeiten mit dem Verbindungshalbleiter GaAs ergeben sich, wenn dieser auf einem Basissubstrat wie z.B. Silizium aufgebracht werden kann /3.10/.

Der Vorteil solcher Lösungen wird weniger darin gesehen, größere Wafer zu produzieren, als vielmehr die optischen Eigenschaften von GaAs und die elektrischen Eigenschaften von Silizium (und dessen Integrationsdichte) auf einem Substrat zugleich zu nutzen. Die hierfür notwendige Technologie befindet sich im Entwicklungsstadium. Es befassen sich sowohl Firmen (Kopin, Spire, United Epitaxial Technologies, AT&T, Texas Instruments) als auch Universitäten mit diesem Forschungsgebiet. Ein eindrucksvolles Beispiel der aktuellen Forschungstätigkeit ist ein 1Kbit-SRAM (7.500 Transistoren), welches in "GaAs on Silicon"-Technologie von TI realisiert wurde.

GaAs-Epitaxieschichten mit Dicken von max. 3-4um werden mittels MBE- oder MOCVD-Verfahren aufgewachsen. Da Si- und GaAs-Gitterkonstanten sich unterscheiden (Längenunterschied 4,1%), ergeben sich zusätzliche Versetzungsfehler in der epitaktischen Schicht. Erreichbare Versetzungsfehlerdichten von 10E6-10E3/cm2 sind um den Faktor 1.000 schlechter als bei gezogenem GaAs. Außerdem hat Si gegenüber GaAs einen doppelt so hohen Temperaturausdehnungskoeffizienten, was zu mechanischen Verspannungen nach dem Abkühlen der prozessierten Wafer und zu Problemen bei der Lithografie führt. Verbesserung bringt die Einführung einer Pufferschicht (Super Lattices) zwischen Epitaxieschicht und Substrat.

Eine weitere Möglichkeit, die unterschiedlichen Gitterkonstanten auszugleichen, besteht darin, den Si-Wafer nicht genau in Kristallrichtung zu schneiden, sondern ihn um etwa 4 Grad aus der Achse zu drehen.

3.4 GaAs-ÜBERSICHT DER ANBIETER

3.4.1 ALLGEMEINE MARKTSITUATION

Während insbesondere analoge diskrete Halbleiter aus GaAs schon längere Zeit erfolgreich in größerem Umfang eingesetzt werden, steigt der Marktanteil der integrierten GaAs-Schaltungen nur zögerlich. Ein Markt für GaAs-Semikunden-Bausteine hat sich eigentlich erst in den Jahren 1985-87 richtig etabliert.

Fast ein Dutzend Firmen (darunter Rockwell oder Neugründungen wie Triquint, Vitesse und Anadigics) haben erst nach 1984 mit der eigenen Verarbeitung von GaAs begonnen, wobei das Equipment teilweise neu entwickelt werden mußte.

Umsatzmäßig ist der GaAs-Anteil am Halbleiterweltmarkt heute noch verschwindend gering (<0,8%), er wird zum größten Teil von Anbietern für diskrete Bauelemente getragen.

Wenn die Erwartungen in die neue Technologie erfüllt werden, dann ist in den nächsten Jahren mit einem starken Anwachsen des GaAs-Marktanteils zu rechnen (prognostiziertes Marktvolumen in 1990 über 900Mio$, mehr als 2% des Welthalbleitermarkts). Über die Hälfte der Marktanteile sollen auf die USA und etwa je 1/4 auf Europa und Japan entfallen (Tab.3.5). Derzeit besitzt die USA den größten Teil, etwa 80%, des gesamten GaAs-Marktvolumens.

Interessant ist hierbei, daß Wafer jedoch vorwiegend aus Japan importiert werden! Allein der japanische Hersteller Sumitomo hält über 50% Weltmarktanteil an der gesamten GaAs-Waferproduktion.

Hauptgrund für die starke amerikanische Marktpräsenz ist der große Bauelementebedarf militärischer Abnehmer. Staatliche Stellen (insbes. DARPA=Defence Advanced Research Projects Agency, DOD=Department of Defence) haben GaAs-Projekte erheblich gefördert. Forschungsziele sind u.a. schnelle Rechner (32bit GaAs-RISC-Prozessor/100MIPS /3.5/), Radarschaltkreise und integrierte Optik ("Optical interconnected chips").

3.4.2 ÜBERSICHT DER SEMICUSTOM-ANBIETER

Tabelle 3.3 zeigt eine Zusammenstellung verschiedener Semicustom-Hersteller. Es wurden solche Anbieter aufgenommen, die nach zugänglichen Veröffentlichungen bzw. Mitteilungen klar als Semicustom- (bzw. Foundry-Service-) Anbieter einzustufen waren. Dies erklärt, weshalb z.B. einige Hersteller aus Tab.3.2 hier nicht aufgeführt sind.

Mit einer Ausnahme bieten alle Hersteller MESFET-Technologie an. Aufgrund des vergleichsweise einfacheren Fertigungsprozesses ist D-MESFET Logik noch sehr weit verbreitet. Der Trend zur Umstellung auf E/D-MESFET Technologie ist jedoch klar erkennbar. Die Verwendung einer Zweilagen-Metallverdrahtung gehört heute zum Standard. Viele Hersteller wenden zudem die Airbridge-Technik bei Realisierug der oberen Metallage an. Die Kanallängen liegen zur Zeit bei 1um, meist kommen "Self-aligned"-Gate Techniken bei der Herstellung zum Einsatz.

Wie schon erwähnt, sind die Gate-Arrays aus sogenannten Basiszellen aufgebaut. Mit diesen Basiszellen, die auch Bauelemente für Bufferstufen oder aktive Lasten enthalten, lassen sich z.B. Vierfach-NOR entwerfen. Daraus erklärt sich die Diskrepanz zwischen der Zellenzahl und den angegebenen Gatteräquivalenten (die, wie bei CMOS üblich, auf Gatter mit zwei Eingängen bezogen sind). In die Zahl der Gatteräquivalente sind noch die Anzahl der I/O eingerechnet. Da das Design bei Gate-Arrays standardisiert ist, lassen sich nicht alle Freiheitsgrade des Entwurfs ausschöpfen. Die mit GaAs-Gate-Arrays erreichbaren Gatterlaufzeiten liegen trotzdem um einiges unter den Zeiten vergleichbarer Si-Lösungen. Betrachtet man jedoch das Preis-/Geschwindigkeitsverhältnis für Si und GaAs, so sind die Kosten für GaAs-Chips immer noch zu hoch. Die angegebenen Entwicklungskosten (NRE - Nonrecurring equivalents) beinhalten in der Regel alle herstellerseitigen Rechnerkosten (Simulation u.a.), Maskenkosten und weitere Kosten für fertigungsseitige Vorleistungen (z.B. Testprogramme), wie sie bei einem Standardentwicklungsablauf anfallen. Manche Hersteller geben "Circa-Preise" an, die Endpreise richten sich nach der Komplexität und der Schwierigkeit des Designs.

Der Kunde kann ähnliche Entwurfswerkzeuge wie bei einem Siliziumdesign einsetzen. Herstellerschnittstelle ist zumeist die simulierte Netzliste.

Es wird teilweise die auf üblichen Workstations laufende Standardsoftware, ergänzt durch die Zellenbibliotheken der Hersteller, verwendet. Einige Hersteller unterstützen den Kunden auch durch Pakete mit kompletter Entwurfssoftware (Schematic Capture, Logik/Schaltkreissimulator, Bibliotheken). Für die Verifizierung kritischer Pfade werden Simulatoren auf Transistorebene (z.B. mit Touchstone, SLICE, Supercompact) durchgeführt. Die Durchlaufzeiten beim Hersteller (Turnaround) liegen mit durchschnittlich 10-12 Wochen etwas höher als bei CMOS Semicustom-Designs.

3.4.3 FOUNDRY-SERVICES

Für Kunden mit großer Erfahrung auf dem Designsektor werden von den Herstellern "Foundry Services" angeboten. Der Hersteller übernimmt hierbei die Produktion der Masken und Wafer und den anschließenden Test. Herstellerschnittstelle ist fast ausschließlich ein Band im CALMA GDS II Format, welches die Layoutdaten für die Masken enthält. Die von Herstellern in der Regel abgegebenen Ausbeutegarantien beziehen sich auf die elektrischen Werte von Teststrukturen, welche sich zu Prozeßkontrollzwecken zusätzlich auf den Wafern befinden.

Der Kunde bekommt gegen ein Vertraulichkeitsabkommen (Nondisclosure Agreement) die Prozeßdaten (Layout-Designrules, Zellenbibliotheken, Schaltungsmodelle - meist als Spiceparameterlisten - und eine Prozeßbeschreibung) vom Hersteller. Als unterstützende Maßnahme werden von manchen Herstellern Trainingskurse angeboten.

Tabelle 3.4 gibt einen Überblick. Es sind dort der Vollständigkeit halber auch einige Analoghersteller aufgeführt, jedoch eignen sich Analogprozesse nicht in jedem Fall für Digitaldesigns. Bei angegebenen Circa-Preisen richtet sich der tatsächliche Preis nach der Art des verwendeten Prozesses und nach dem Lieferumfang.

In den Preisen enthalten ist der Wafertest (Wafersort/ Probing) und meistens auch das Verpacken der Chips mit nachfolgendem Test (DC/Hf-Test). Einige Firmen führen außerdem noch Burn-In bzw. MIL-Screening durch.

Tabelle 3.1 Vergleich verschiedener GaAs-Logiktypen
(Typ. Werte für 1um Gatelänge)

	BFL/SDFL	UFL	DCFL	SBFL	SCFL
Versorgungsspg.	VDD/VSS:3-4V	VDD/VSS:3-4V	VDD:1-2V	VDD:1-2V	VDD/VSS:3-4V
Gate-Delay(f.i.=f.o.=2)	150-90ps	220-160ps	160-110ps	110-80ps	110-70ps
Logikhub	0.9V	0.8V	0.4V	0.6V	0.6V
Flächenbedarf einer Basiszelle in um*um	5000	3000	900-1800	4000	--
Verlustleistung in mW	3-8	1-5	0.2-0.5	0.7-1.4	2-10

Tabelle 3.2: Gegenüberstellung von Leistungsmerkmalen verschiedener GaAs-Arrays

Anbieter	Typ	Gate Count	tpd in ps	+Delay (F.I.) in ps	+Delay (F.O.) in ps	+Metal Delay in ps/mm	Power/ Gate in mW	Zellenfläche in um2	Chipfläche in mm2
Toshiba	1.5u DCFL	2000	42	11	16	59	0.5	2016	21.7
OKI	1u DCFL	1000	109	14	64	112	0.24	3880	15
OKI	1u SBFL	1000	114	23	24	40	0.27	3880	15
Triquint	1u BDCFL	3000	130	10	19.5	55	0.75		
Gain	GFL (BDCFL)	3546	100	7	40/12 (buffered)	170/50 (buffered)	0.7		25
Toshiba	1u SLCF	6000	76	10	40	45	1.2	3072	64
TI	5u HI2L	4000	400		F.O.= 4		2.0	960	
NEC	1.4u BFL	3000	186			L=2mm	4.6		
Thomson	1u BFL	1000	155	F.I.=	F.O.= 2		6.5	3600	12

Tabelle 3.3 Übersicht ausgewählter GaAs-Semicustom-Chips

Anbieter	Typ	Equival. Gatter-zahl	Technol.	Verlustl. pro Gatter in mW	Propag. Delay in ps	Toggle-Frequenz in GHz
Ford Micro-electronics	–	3000	1.5um E/D	0.6	170	1
	21G06	1000	E-D	0.7	160	1.1
(Fujitsu)	–	4000	0.8um E-D HEMT	–	40(f.o=1)	–
Gain	GFL1500	1672	E/D	0.7	200 (2)	1.0
	GFL3500	3456	E/D	0.7	200 (2)	1.0
	GFL7500	5776	E/D	0.7	200 (2)	1.0
Gigabit Logic	SC1 (1)		1u D	2.0	70 (3)	2.3
	SC2 (1)		0.8u E/D		55	3.0
	SC10	10000		0.1	50	4.0
Harris	HMD11100	300	D			3.0
	DIGI-1 (1)	-300	D	10-35	120	2.5
	DIGI-2 (1)	-800	D	3-5	180	1.5
Honeywell	HGG2020	1950	D		175	1.0
Texas Instruments	TIGA1000	1000	HI2L	1.0	80	
	TIGA6000	6000	HI2L	1.0	80	
Triquint	QC4	300	D			2/5 (4)
	TQ3000	3000	1u E/D	0.75	100	0.5/3 (4)
	TQ6000	6000	1u E/D	0.75	100	0.5/3 (4)
	Q-LOGIC (1)		1u D		80	2.5
Vitesse	VSC1500	1500	E/D	0.1-0.25		1.5 (5)
	VSC4500	4500	E/D	0.1-0.25		1.5 (5)
	VSC10K	14000	1u E/D	0.4	116	1.0 (5)

(1) = Cell Array
D = Depletion MESFET
E = Enhancement MESFET
(2) = F.O.= 2; 100ps unloaded
(3) = F.O.= 2; 2mm interconnect
(4) = Digital/Analog
(5) = ECL-Output 600 MHz

Tabelle 3.4 Ausgewählte Foundry-Service-Anbieter auf dem GaAs-Sektor

Anbieter	Ort	Technologie	Wafergröße (inch)	Preis/Run in k$ (circa)	Design-Interface	Turnaround-time in Wochen	Applikation (2)
Adams/Russel	Burlington	0.5u GaAs-MESFET	2 + 3	40–52	CALMA GDSII	12 - 14	a
Anadigics	Warren	0.5u GAAS-MESFET	3	50	CALMA GDSI, GDSII, CIF, APPLICON	14	a
Avantek	Sta.Clara	0.5u GAAS-MESFET	2	40	CALMA GDSII	8 - 12	a
Ford	Col.Springs	1.4u E/D-MESFET	3	57	CALMA GDSII	13	d
Gigabit Logic	Newberry Park	0.8u D-MESFET 0.8u E/D-MESFET	3 3	15 5.5/Wafer	CALMA GDSII CALMA GDSII	10 10	d d
Harris	Milpitas	1u;0.5u D-MESFET	2 + 3	50–85	CALMA	12 - 16	a/d
Microwave Semiconductor	Simi Valley	1u;0.5u MESFET	3	50	CALMA GDSII	16	a
Tachonics	Plainsboro	1u;0.5u D-MESFET	3	4–12/Wafer	CALMA GDSII	6 - 8 (1)	a/d
Thomson	Massy/Frankr.	1u D-MESFET					d
Triquint	Beaverton	1u;0.5u D-MESFET 1u E/D-MESFET	3 3	3–13/Wafer 3–13/Wafer	CALMA GDSII, MEBES CALMA GDSII, MEBES		a/d d
Vitesse	Camerillo	1u E/D-MESFET	3	3–6/Wafer	CALMA GDSII, CIF, Daisy/Mentor Netzliste	4 - 10 (1)	d

(1) = nach Maske
(2) = Hauptsächlich benutzt für: Analogdesign (=a) / Digitaldesign (=d)

Tabelle 3.5
Entwicklung des GaAs IC-Marktes (in Mio $)

	1986	1987	1988	1989	1990
USA	103	153	226	338	506
Europa	6	28	50	90	163
Japan	15	30	60	121	243
Summe	124	211	336	549	912

Quelle HTE Management Inc./Scotts Valley, Cal.

4 BIPOLARTECHNIK

4.1 ALLGEMEINES

Der technologische Fortschritt führte auch auf dem Bipolarsektor zu erstaunlichen Ergebnissen hinsichtlich der Integrationsdichte. Mit neuen Strukturen konnte besonders in den letzten Jahren die Schaltgeschwindigkeit bei gleicher oder sogar reduzierter Leistungsaufnahme deutlich verbessert werden.

Die ergriffenen technologischen Maßnahmen zielen im wesentlichen auf eine Erhöhung des Integrationsgrads, auf eine Geschwindigkeitserhöhung, auf eine Verlustleistungsreduzierung und auf eine Vereinfachung der Prozeßschritte.

Die Transistorgröße konnte durch Verwendung selbstjustierender Techniken verringert werden, der Abstand zwischen Transistoren wurde durch verbesserte Isolationsverfahren (Trench-/Deep Groove-Isolation) wesentlich reduziert.

Polysiliziumkontakte lassen erhöhte Dotierungskonzentrationen für Emitter und Basis bei gleichzeitig verbessertem Dotierungsprofil zu und erlauben größere Steilheiten und höhere Transitfrequenzen. Hochplanare Prozesse ermöglichen Dreilagen- oder sogar Vierlagenmetallisierung.

Mit den beschriebenen Techniken konnten die Integrations- und Geschwindigkeitsgrenzen herkömmlicher ECL-Schaltkreise gesprengt werden. Mehrere Hersteller bieten bereits Gate-Arrays mit bis zu 12.000 Gatteräquivalenten an, die größte bisher erreichte Komplexität wurde durch ein Master Slice Array mit 18K Gates (tpd=150ps) von Mitsubishi demonstriert. Auf dem Speichersektor konnten bisher Komplexitäten von 64 KB bei Zugriffszeiten von 5ns (Awaya/ISSCC 1987) bzw. 5KB bei 1ns (Chuang/ISSDM 86) erreicht werden.

4.2 LOGIKFAMILIEN

Bereits in der Frühzeit der monolithischen Halbleitertechnik wurden bipolare Logikstrukturen realisiert. Gegenüber der MOS-Technik haben bipolare Transistoren den Vorteil hoher Steilheit und guter Treiberfähigkeit, wobei das gute Hochfrequenzverhalten die Realisierung von Schaltungen bis in den GHz-Bereich erlaubt. In diesem Kapitel wird zunächst ein Überblick über die Logikarten mit gesättigter bzw. ungesättigter Gatterlogik gegeben.

Gesättigte Gatterlogik eignet sich zwar nicht für Hochgeschwindigkeitsanwendungen, erlaubt aber teilweise sehr große Integrationsdichten.

4.2.1 GESÄTTIGTE LOGIK

Bei "Gesättigter Logik" arbeiten die Transistoren zwischen den Zuständen "aus" und "voll durchgesteuert". Im Ein-Zustand gerät der Transistor in die Sättigung, d.h. die Basis-Kollektordiode wird leitend. Um aus der Sättigung in den Aus-Zustand zu kommen, muß eine Speicherzeit überwunden werden, die in der Raumladung aus der Basiszone abgebaut wird. Zur Verminderung dieses Effekts können Schottkydioden parallel zur Basis-Kollektorstrecke geschaltet werden.

Die bekannteste, gesättigte Gatterlogik ist TTL (Transistor-Transistor-Logik, Abb.4.1). Charakteristisch hierbei ist der Multiemitter Eingangstransistor, die Ausgangsstufen können unterschiedlich gestaltet sein (Totem-Pole, Open Collector u.a.). TTL wird sowohl in Standardschaltkreisen als auch bei Gate-Arrays benutzt. Angebotene TTL-Gate-Arrays in Low-Power-Schottky-Technologie (Komplexitäten bis ca. 3000 Gates) erreichen bei Gatterverlustleistungen von ca. 1mW Verzögerungszeiten von 0,8ns bei Toggle-Frequenzen von 150MHz.

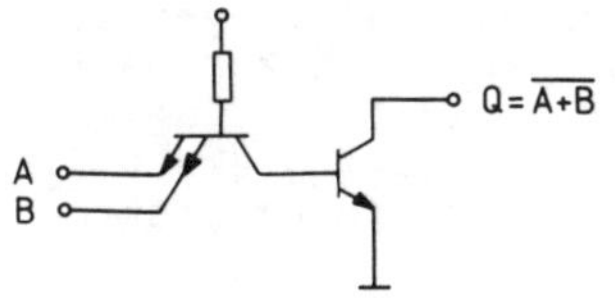

Abb.4.1 TTL-Gate

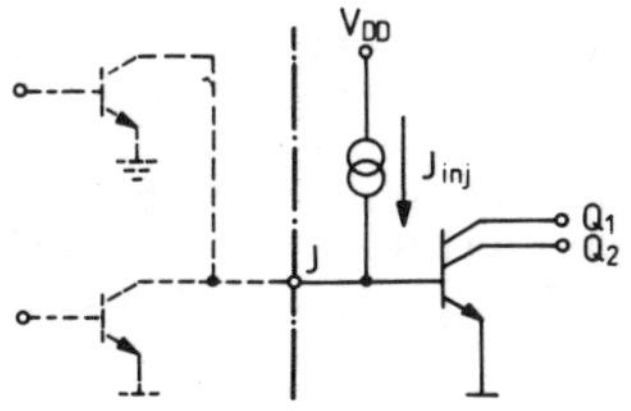

Abb.4.2 I2L/MTL-Gate

Jünger als TTL ist I2L (Integrated Injection Logic, auch Merged Transistor Logic/MTL - siehe Abb.4.2). Die Grundstruktur wird hier aus einem Transistor mit Mehrfachkollektorausgängen gebildet; die logische Funktion wird durch "Wired-Verknüpfungen" am Eingangsknoten realisiert. Die Schaltung wird über eine Injektor-Stromquelle, gebildet z.B. aus einem pnp-Transistor, versorgt. Der Platzbedarf ist wesentlich geringer als z.B. bei CMOS. Da nur zwei Transistoren zwischen Vcc und Masse liegen, kommt I2L mit sehr geringer Versorgungsspannung aus (Vcc<1,5V). Zur rationellen Ausnutzung größerer Betriebsspannungen können Logikstrukturen in mehreren Ebenen (Stacks) angeordnet werden (siehe Abb.4.3). Die Geschwindigkeit von I2L-Gattern kann über den Injektorstrom eingestellt werden. Zur Vermeidung der Sättigung sind Varianten mit Schottky-Dioden bekannt (z.B. Schottky-Diode-Transistor Logic/STL, siehe Abb.4.4).

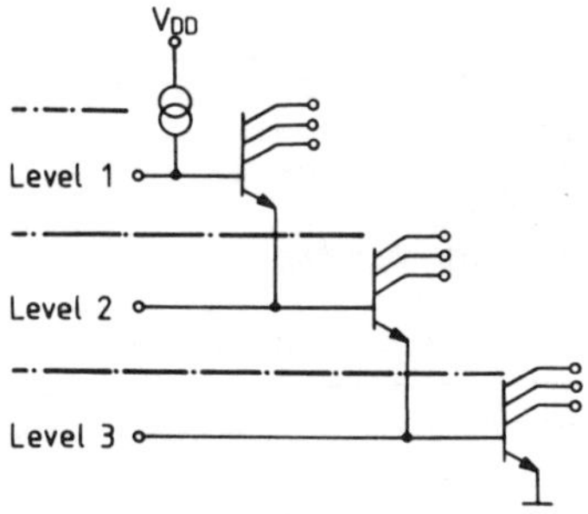

Abb.4.3 Standard Logik (I2L)

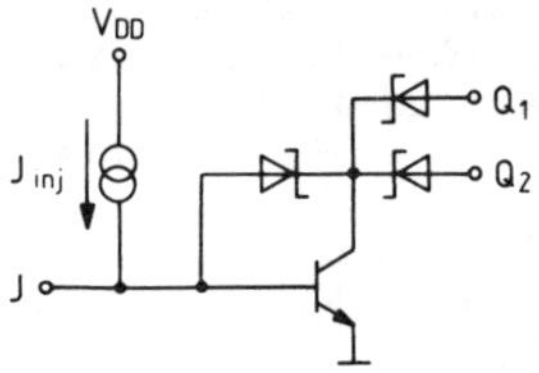

Abb.4.4 STL-Gate

Trotz hoher Packungsdichte und niedriger Verlustleistung (Power-Delay-Produkt bis zu 21 pJ) hat sich I2L wegen zu großer Gatedelays (typ. 5-10ns) auf dem Semicustom-Sektor nicht behaupten können. In Full-Custom Schaltungen konnte I2L sowohl bei Speichern (64K MTL RAM, 2,2um-Designrules, Zugriffszeiten von 25ns bei 270mW Verlustleistung /4.1/) als auch in Logikschaltkreisen mittlerer Geschwindigkeit (I2L Gate mit 182ps Laufzeit (Fan-Out=1) bei 3,9mA Injektorstrom /4.2/) gewinnbringend eingesetzt werden.

4.2.2 UNGESÄTTIGTE LOGIKARTEN

Die wichtigste Kenngröße, das Power-Delay-Produkt, ist bei bipolarer Logik proportional dem Produkt aus Versorgungsspannung, Logikhub und Lastkapazität:

$$PD = Vcc * dV * C$$

Um ein möglichst günstiges *PD*-Produkt zu erhalten, besteht die Möglichkeit, alle drei Faktoren zu reduzieren. Die ECL-Technologie (Emitter-Coupled-Logic) arbeitet mit einem möglichst geringen Logikhub, was mit einer Differenzverstärkerstruktur erreicht wird. Mit einem Eingangsspannungshub von etwas über 100mV kann der ganze Aussteuerbereich eines Differenzverstärkers durchfahren werden. Aus Gründen der Störsicherheit hat sich in der Praxis ein Logikhub von ca. 400mV bewährt. Der Hub wird bei bekanntem Io durch die Wahl der Kollektorwiderstände eingestellt (siehe Abb.4.5), wobei die Schaltung so dimensioniert wird, daß deren Transistoren nie im Sättigungsbereich arbeiten. Zur Geschwindigkeitserhöhung oder aus Platzgründen kommen gelegentlich auch nichtlineare Kollektorwiderstände, wie z.B. Schottkydioden oder Transistordiodenstrecken (s.Abb.4.6) zum Einsatz. Abb.4.5 zeigt das Beispiel eines ECL-OR-Gatters.

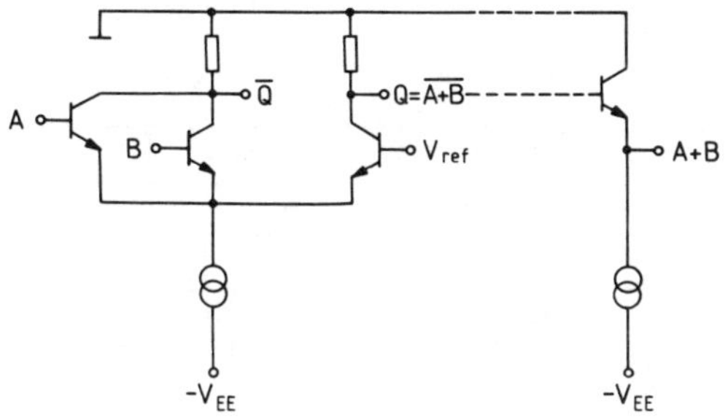

Abb.4.5 CML/ECL-Gate (Emitterfolger-Ausgang)

Für Strukturen, die den differentiellen Ausgang ohne Emitterfolger benutzen, ist auch der Ausdruck Current-Mode-Logic (CML) gebräuchlich. CML-Gatter haben einen geringeren Leistungsverbrauch bei höherer Integrationsdichte.

Wird auch der Eingang differentiell angesteuert (wobei die Referenzspannung für das Differenzpaar entfällt, so handelt es sich um eine weitere ECL-Variante, die Differential-Emitter-Coupled-Logic (DECL) genannt wird. Der Logikhub reduziert sich bei differentiell angesteuerter Logik auf die Hälfte und die Referenzspannung muß nicht an jede einzelne Zelle herangeführt werden.

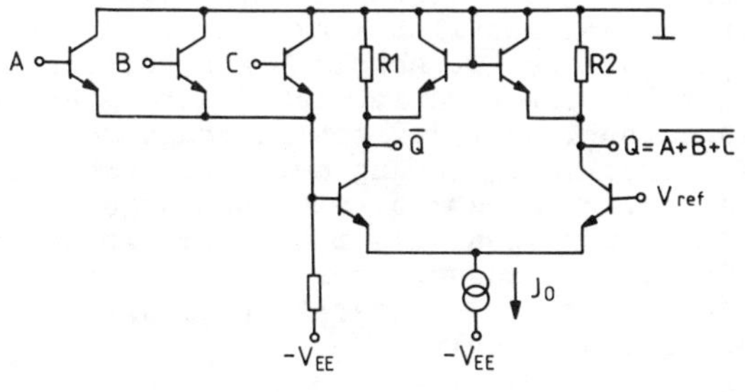

Abb.4.6 E2CL-Gate (Emitterfolger-Eing., clamped Ausg.)

Um den Arbeitsstrom einer ECL-Zelle optimal auszunutzen, wird "Series-Gating" angewandt. Bei Betriebsspannungen von ca. 5V werden bis zu 3 Differenzverstärkerstufen übereinander verschaltet (ein Beispiel mit zwei Ebenen ist in Abb.4.7 gezeigt), wobei zur Geschwindigkeitserhöhung dem Eingang zur Entkopplung ein Emitterfolger vorgeschaltet werden kann (Beispiel E2CL-NOR, siehe Abb.4.5).

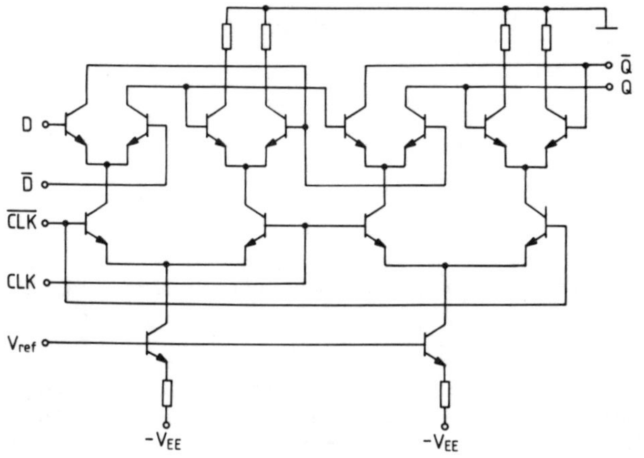

Abb.4.7 2-level Series-Gating (D-FF mit CML)

Zwei weitere bipolare Logikfamilien - im Semicustombereich ohne größere Bedeutung - sollen hier der Vollständigkeit halber noch erwähnt werden. Ein Abkömmling der ECL-Technik ist Feedback-ECL (kurz FECL, Abb.4.8), bei der ein Ausgang auf einen Differenzverstärkereingang zurückgekoppelt ist. FECL-Zellen werden ohne Referenzspannung betrieben und können aufgrund der differentiellen Ansteuerung mit kleinerem Logikhub als ECL arbeiten. Gelegentlich kommt für schnelle Gatter bei Fullcustomdesigns auch Non-Threshold Logic (NTL, Abb.4.9) zum Einsatz. Der Transistor wird im nichtgesättigten Bereich betrieben; die Gegenkopplung reduziert außerdem den Einfluß des Miller-Effekts. Zur Verbesserung der Treiberfähigkeit werden NTL-Schaltungen häufig zusammen mit Ausgangs-Emitterfolgern eingesetzt. NTL kommt ebenfalls mit einem kleineren Logikhub als Standard-ECL aus, es müssen aber oft Stabilisierungsmaßnahmen ergriffen werden, um der Temperaturabhängigkeit der Eingangsspannung entgegenzuwirken.

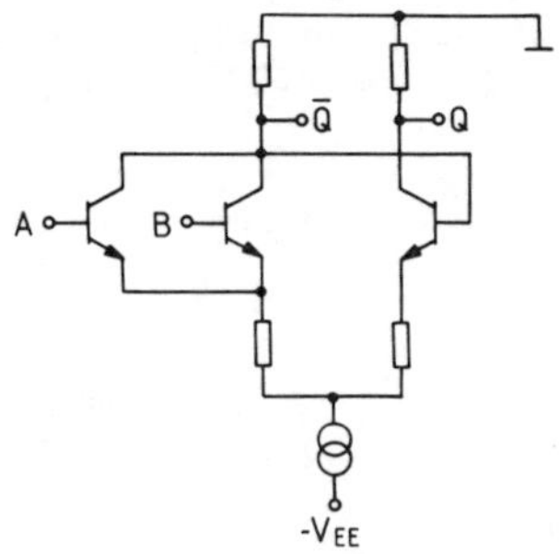

Abb.4.8 EECL

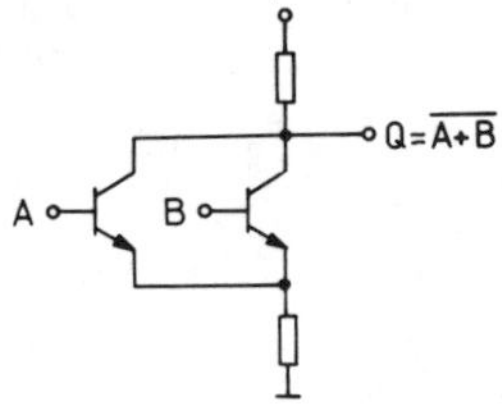

Abb.4.9 NTL

4.3 BIPOLARE VLSI-SCHALTKREISE - TECHNOLOGISCHE ASPEKTE

Die großen Fortschritte bei der Strukturverkleinerung von CMOS-Schaltungen haben auch die Bipolartechnologie nachhaltig beeinflußt. Die Skalierung von Bipolar-Schaltungen ist jedoch weitaus problematischer, da sie sowohl in vertikaler als auch in horizontaler Richtung (lateral) erfolgen muß, außerdem müssen die Dotierungsprofile an die kleineren Strukturen angepaßt werden. Die folgenden Kapitel zeigen die heutigen Entwicklungsrichtungen auf.

4.3.1 SELBSTJUSTIERENDE PROZESSE

Der Weg zu kleineren Strukturen wird durch zwei Hemmnisse erschwert:

1. der Justiergenauigkeit und dem Auflösungsvermögen der heute verfügbaren Lithografietechniken

2. den vom Prozeß her möglichen Linienbreitentoleranzen

Selbstjustierende Prozesse können die Justierprobleme praktisch eliminieren, hiermit können die performancebestimmenden Strukturen, insbesondere im Emitter-Basisbereich bei Verwendung heute üblicher Lithografieverfahren (z.B. optischer Waferstepper) wesentlich verkleinert werden. Durch die kompakteren Strukturen werden sowohl Widerstände als auch parasitäre Kapazitäten verringert, was wiederum zu günstigeren Transistorwerten führt. Die neuen Strukturen werden durch Single- oder Double-Poly-Prozesse oder nach dem SICOS-Verfahren hergestellt.

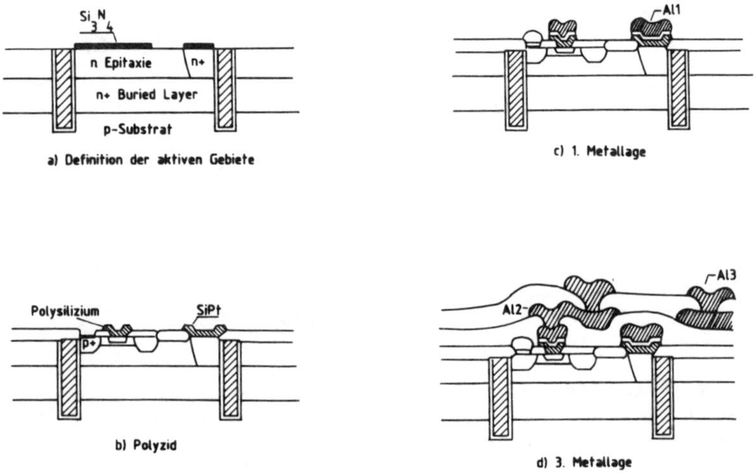

Abb.4.10 Single - Poly - Prozeß

Ein möglicher Weg nach dem Single-Poly-Verfahren ist in Abb.4.10 dargestellt. Gezeigt ist eine Struktur mit Poly-Si-Emitter und Trench-Isolation. Mit diesem Prozeß konnten Verzögerungswerte von 88ps bei einem ECL Ringoszillator erreicht werden /4.5/.

Viele Prozesse benutzen heute auch Doppel-Poly-Verfahren, wobei eine n+ – Polyschicht für den Anschluß des Emitters und eine p+-Polyschicht für die Basis verwendet werden. Der metallische Basiskontakt befindet sich ebenfalls außerhalb der kritischen Zone. Herstellungsgang und Struktur eines derart hergestellten Transistors sind in Abb.4.11 demonstriert /4.6/.

Die Poly-Si-Schichten dienen als Dotierstoffträger für die aktiven Regionen, der gesamte Basis-Emitter Komplex wird lediglich durch eine Maske strukturiert.

Mit einer speziellen Prozeßfolge SST (Super Selfaligned Process Technology) konnte NTT - mit einer lum-Lithografie - Emitterweiten von 350 nm realisieren. SST-Gatter erreichen Geschwindigkeiten von 25,8ps/2,2mW (NTL-Logik) bzw. 6,3ps/4,4mW (ECL). Durch die Reduktion von Emitterweite und Basiszone konnten zudem auch parasitäre Widerstände und Kapazitäten wesentlich verringert werden.

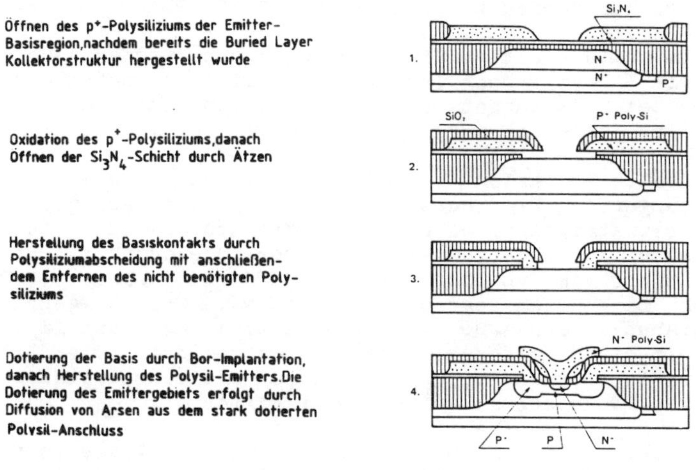

Abb.4.11 Prozeßschritte des SST1a-Prozesses von NTT (nach 4.6)

Zu den Strukturen mit den geringsten Basis-Kollektor-Kapazitäten zählt SICOS (Sidewall-Base-Contact Structure, Abb.4.12). Durch die symmetrische Struktur ermöglicht der Transistor auch den inversen Betrieb bei ähnlich guten elektrischen Eigenschaften (interessant z.B. für I2L/MTL).

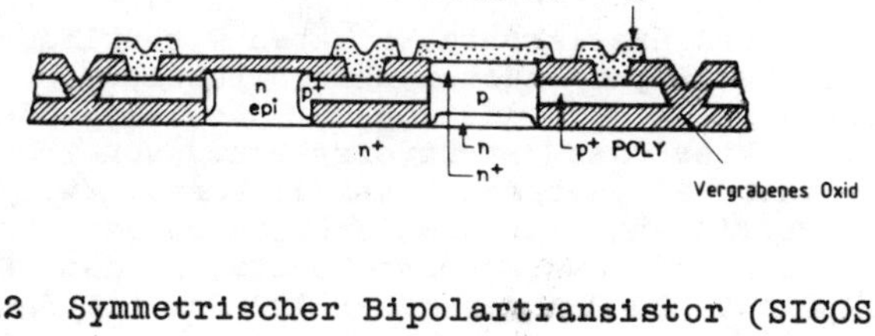

Abb.4.12 Symmetrischer Bipolartransistor (SICOS - nach 4.3)

Die o.g. Poly-Prozesse ermöglichen zudem die Herstellung von Widerständen mit wesentlich geringeren Kapazitäten im Vergleich z.B. zu basisdiffundierten Widerständen.

4.3.2 BAUELEMENTE-ISOLATION

Im Gegensatz zu CMOS-werden Bipolartransistoren im allgemeinen einzeln isoliert. Herkömmliche Verfahren verwenden eine Sperrschichtisolation oder eine Oxidwallisolation nach dem Isoplanarverfahren (z.B. LOCOS, OXIS, PLANOX).

Um weitere aktive Fläche zu gewinnen, werden neue Verfahren wie "Deep Trench Isolation" realisiert, wobei der größte Gewinn bei Schaltungen mit hoher Packungsdichte, z.B. bei Speichern, erreicht wird.

Trench-Isolation reduziert aber auch bei logischen Schaltungen den Flächenbedarf und ermöglicht geringere Kollektor-Substratkapazitäten bei den Transistoren. Die durch anisotropes Ätzen hergestellten Gräben, die durch die Epitaxieschicht bis ins Substrat reichen, sind durch eine p+ Bufferschicht nach unten begrenzt. Danach wird Oxid aufgebracht und die Gräben werden z.B. mit Poly-Silizium oder Nitrid gefüllt und mit einer weiteren Oxidschicht abgedeckt. Diese Planarisierung ist notwendig, um eine einwandfreie Metallisierung in weiteren Prozeßschritten zu gewährleisten.

Probleme treten derzeit noch bei der Strukturherstellung (Ätzprofil der Seitenwände, Hohlräume beim Verfüllen) sowie auf elektrischer Seite (z.B. ungewollte Kristalldefekte) auf.

Die Mindestgröße der Gräben ist z.Z. noch nicht ausgeschöpft, sie wird wesentlich durch die lithografischen Möglichkeiten und durch die elektrischen Erfordernisse der isolierenden Oxidschicht bestimmt. Ein Beispiel zeigt hier der Vergleich in Abb.4.12 /4.3/. Eine Beschreibung moderner Trench-Isolations-Techniken findet sich in /4.8/.

4.3.3 POLYSILIZIUM KONTAKTE

Poly-Emitter und -Basiskontakte haben wesentlichen Anteil an den elektrischen Eigenschaften neuer Transistorstrukturen. Vergleiche haben gezeigt, daß durch die Verwendung von Poly-Emitter-Kontakten die Stromverstärkung von Transistoren deutlich (bis Faktor 30 verbessert werden kann. /4.7/. Diese erhöhte Emittereffizienz kann man dazu ausnutzen, um den Basisbahnwiderstand durch eine erhöhte Dotierung der Basiszone abzusenken (Rb z.B. 50 Ohm gegenüber 400 Ohm bei SBC-Transistoren mit einfachem Basiskontakt, Abb.4.13), oder um die Verlustleistung zu reduzieren.

	Herkömmlicher Transistor (Sperrschicht-Isolation)	Selbstjustierender Transistor (Trench-Isolation)
Emitterfenster	1*2 um2	1*2 um2
Kollektor/Basisüberdeckung	4*5 um2	3*2 um2
Kollektorfläche	8*12 um2	3*7 um2
Basisbahnwiderstand	400 Ohm	50 Ohm
Kollektor/Basis-Kapazität	8 fF	2.4 fF
Kollektor/Substratkapazität	49 fF	4.8 fF

Abb.4.13 Vergleich wichtiger Transistorkennwerte eines konventionellen und eines selbstjustierenden Biploartransistors (nach 4.3)

Ebenso konnte eine Verringerung der beim Millereffekt zum Tragen kommenden Kollektor-Basis-Kapazität bei Transistoren mit höherer Dotierung der Epi-Schicht festgestellt werden /4.7/.

Die Reduzierung der Kollektor-Substratkapazität bei selbstjustierenden Strukturen ist jedoch in erster Linie auf den kompakteren Aufbau zurückzuführen.

Untersuchungsgegenstand der Forschung auf diesem Gebiet sind derzeit noch Einzelfragen zum genauen Wirkungsmechanismus und zur Reproduzierbarkeit und Ausbeute.

4.3.4 SCALING- / KOMPLEXITÄTS- UND GESCHWINDIGKEITSGRENZEN

Die erreichbaren Schaltzeiten bei bipolaren Transistoren werden durch zwei Effekte begrenzt:

1. bei niedrigen Kollektorströmen bestimmen die parasitären Kapazitäten das Schaltverhalten

2. bei hohen Strömen bewirkt der Kirkeffekt eine effektive Basiszonenverbreiterung des Transistors.

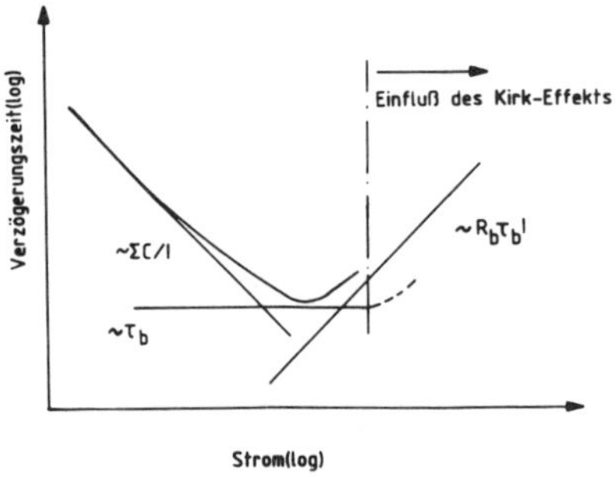

Abb.4.14 Begrenzungsfaktoren der Verzögerung eines bip. Schaltkreises (nach 4.3)

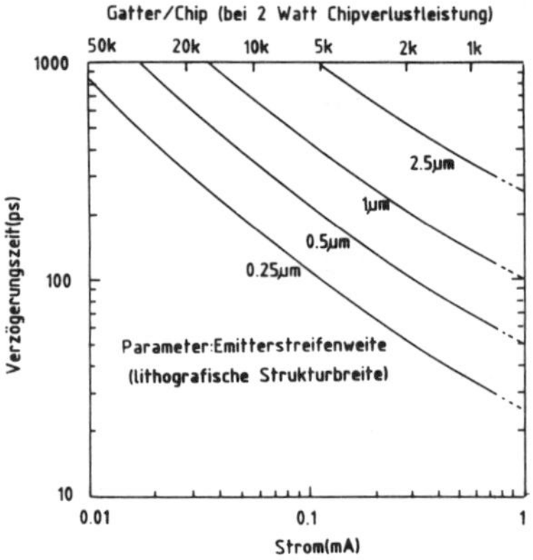

Abb.4.15 Verzögerung-/ Komplexitäts-Diagramm eines skalierten ECL Schaltkreises (nach 4.3)

Die tatsächliche Schaltzeit selbst hängt in erster Linie von den geometrischen Verhältnissen ab: vom Basisbahnwiderstand, der proportional der Emitterweite ist und von der Transitzeit, die von der Basisweite bestimmt wird. Der Zusammenhang ist in Abb.4.14 dargestellt /4.3,4.9/. Die Komplexitätsgrenze wird bei bipolarer Logik hauptsächlich von der maximal zulässigen Verlustleistung bestimmt. Abb.4.15 ermöglicht hierzu eine grobe Abschätzung, wobei eine Chipverlustleistung von 2W, wie sie auch von kleineren ungekühlten Gehäusen erreicht werden kann, vorausgesetzt wurde. Die eingezeichneten Strukturgrößen geben die erreichbare Komplexität für die jeweilige Technologie in Abhängigkeit von der Gatterlaufzeit an. In Abänderung der aus dem Jahre 1979 stammenden Grafik haben sich die Komplexitätswerte aufgrund technischer Neuerungen zu günstigeren Werten hin verschoben /4.4/.

Außerdem rechnen die Semicustomhersteller gerade bei VLSI-Arrays mit günstigeren Gehäusebedingungen (für Gehäuse mit Zwangsluftkühlung wird heute ein oberes Limit von ca. 20W angesetzt).

Trotz allem ist die Verlustleistung immer noch eine ernste Hürde, was viele Hersteller dazu veranlaßt, Möglichkeiten anzubieten, den Arbeitsstrom des Gatters entsprechend den Geschwindigkeitsanforderungen zu programmieren.

Neben der thermischen Komplexitätsgrenze spielen allerdings auch die Laufzeit- und die Geometriegrenze eine nicht zu unterschätzende Rolle.

Die Laufzeitgrenze beruht auf der Signallaufzeit, die mit der Verdrahtungslänge und damit mit der Chipgröße ansteigt. Die geometrische Grenze berücksichtigt die Integrationsdichte, die aufgrund physikalischer Gegebenheiten gerade noch fertigbar ist. In /4.10/ wird dabei von einem Wert von 2,5x10E7 Gattern/cm2 ausgegangen. Die thermische Grenze berücksichtigt die bei guter Flüssigkeitskühlung gerade noch abführbare Wärmemenge (Q=20W/cm2). In Abb.4.16 werden die theoretisch möglichen Grenzen technologieübergreifend aufgezeigt, wobei zu sehen ist, daß insbesondere die Laufzeitgrenze (5*10E8Hz bei 1cm2 Chipfläche) ein wesentlicher Begrenzungsfaktor für höchstfrequente Schaltungen darstellt.

Allerdings wird hier zugrundegelegt, daß der ganze Chip mit dieser Frequenz betrieben wird, in der Praxis werden dagegen oft nur bestimmte Teilschaltungen mit hohen Taktfrequenzen beaufschlagt. Man kann jedoch erkennen, daß Höchstfrequenzschaltungen hoher Komplexität wegen dieser Laufzeitgrenze nur bei steigender Integrationsdichte verwirklicht werden können.

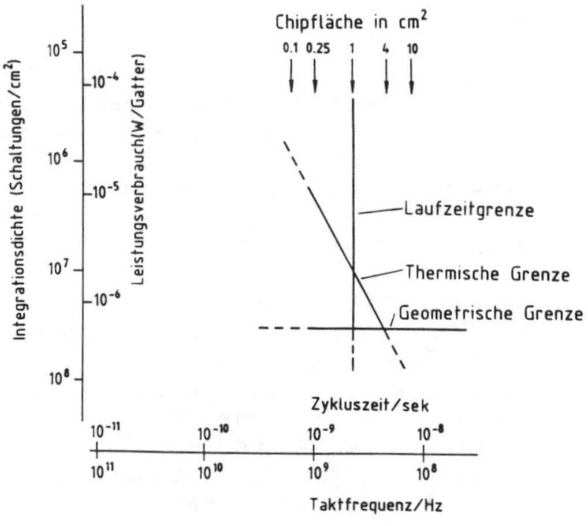

Darstellung nach /4.10/

Abb.4.16 Power-Delay-Density Diagramm

4.4 ÜBERSICHT DER SEMICUSTOM-ANBIETER

Selbstjustierende Bipolar-Prozesse werden als Schlüsseltechnologie heute bereits von vielen Herstellern für deren High-End-Produkte eingesetzt (siehe Tab.4.3 und Abb.4.10/4.11). Mit diesen Prozessen konnten im Semicustom-Bereich Gatterkomplexitäten von 12.540 Gates oder auch Bestcase Schaltzeiten von 100ps demonstriert werden. Die Übersicht in Tab.4.2 enthält eine kleine Auswahl der großen Typenvielfalt, die von über 20 weltweit arbeitenden ECL-Herstellern vertrieben wird. Die Tabelle wurde nach Kriterien maximaler Integrationsdichte und Geschwindigkeit zusammengestellt. Praktisch alle genannten Hersteller bieten natürlich auch Gate-Arrays geringerer Komplexität und Geschwindigkeit an. Standardzellentechnologie wird, soweit bekannt, nur von drei Herstellern angeboten.

Die Herstellerangaben sind meist nicht problemlos miteinander vergleichbar. Wie bekannt, setzen sich ECL-Arrays aus Zellen zusammen, die je nach Hersteller einen unterschiedlichen Aufbau haben. Die Hersteller rechnen deshalb die Komplexitäten ihrer Schaltkreise auf der Basis der in den Zellen realisierbaren OR/NOR-Funktionen aus, woraus sich, wie auch in Tabelle 4.2 angegeben, die höchsten Werte für die äquivalenten Gatterzahlen ergeben. Bei Applikationen z.B. mit vielen Flip-Flops kommt es jedoch darauf an, wie geschickt solche Elemente in den Zellen des ausgewählten Herstellers realisierbar sind. Es kann deshalb durchaus sein, daß ein Array trotz höherer Gatterzahl bei Wahl einer anderen Vergleichsbasis wesentlich schlechter abschneidet (Tab.4.1 /4.11/).

Die angegebenenen Verzögerungszeiten sind typ. Werte für OR/NOR-Gates, die mit den entsprechenden Verlustleistungswerten korrespondieren. Das Leistungs-/Geschwindigkeitsverhältnis kann bei vielen Arrays in 2 oder 3 Stufen über dem Arbeitsstrom programmiert werden. Diese Option, die zur Leistungseinsparung beiträgt, wurde durch Angabe von Grenzwerten für Delay/Power (soweit bekannt) berücksichtigt.

Die Verzögerungszeiten steigen durch die Verwendung von Series-Gating Techniken an, weil sich der Signalpfad entsprechend verlängert. Wie bei anderen Technologien auch, sind bei Ausnutzung des vollen Temperatur- und Versorgungsspannungsbereichs ebenfalls schlechtere Werte anzusetzen (der Worst-case liegt bei Tmax und Vddmin). Die angegebenen Togglefrequenzen sind Bestwerte. Erreichbare Systemfrequenzen können, je nach Applikation, bis um die Hälfte geringer sein.

Bis auf Honeywell und Ferranti bieten alle aufgeführten Hersteller ECl-Technologie an. Die Current-Mode-Logic der beiden Anbieter spart den Emitterfolger und damit Platz und Stromverbrauch - auf Kosten der erreichbaren Geschwindigkeit. Durch ein günstiges "Power-Delay"-Produkt fällt ein weiterer Anbieter - Raytheon - auf, der Gate-Arrays auf der Basis eines neuen Prozesses der Firma Bipolar Technology (BIT) vertreibt.

Dieser Prozeß kommt mit einer Transistorgrundfläche von $14 mil^2$ aus und erreicht damit, trotz konventioneller 2um-Strukturen, sehr große Packungsdichten. Motorola ist ein weiterer Anbieter eines bereits heute verfügbaren 10.000 Gatter-Arrays; weitere Arrays jenseits der 10KGate – Grenze sind von Fairchild und Honeywell angekündigt.

Praktisch alle Hersteller bieten dem Kunden die Möglichkeit, Pre-Layout Designtätigkeiten (Schematic Capture, Simulation) mit eigenen Workstations (Daisy, Mentor, vielfach auch Valid und VAX) durchzuführen. Oft wird dem Kunden neben den notwendigen Bibliotheken für Schematic Capture/Simulation auch herstellereigene Designsoftware überlassen. Die Designerfahrung des Herstellers und die angebotene Designschnittstelle muß allerdings in jedem Einzelfall produktspezifisch geprüft werden, damit ein reibungsloser Ablauf (insbesondere beim Einsatz neu eingeführter Produkte) und eine professionelle Unterstützung seitens des Herstellers gewährleistet ist.

Tabelle 4.1 Gate-Count-Vergleiche verschiedener Bipolar-Arrays (nach /4.11/)

	AMCC Q2400S	Fairchild FGE2500	Motorola MCA2500
Vom Hersteller angegebener Gate-Count	2400	2840	2472
Max. Anzahl realisierbarer D-Flip-Flops	306	224	220
Max. Anzahl realisierbarer D-Flip-Flops mit 2:1 MUX-Eingang	153	149	147
Max. Anzahl realisierbarer Latches	459	448	440
Max. Anzahl von Zweifach-2:1-Multiplexern mit gemeinsamen Select-Eingang	306	224	220

Tabelle 4.2 Übersicht verschiedener ECL-Gate und Cellarrays (Auswahl)

Anbieter	Typ	Logikzellen/ IO-Zellen	Equiv. Gates	Frequenz/Delay (I/O-Typ)	Gate delay in ps	Power/Gate in mW	Frequ.(1) in MHz	Prozess
AMCC	Q5000	352/160	5000	600MHzECL;160/90MHzTTL	260-380	2.3-1.2 *	600 T	2u Ox.Isol
	Q20000	4300/256	15k		200	0.2	1200 T	1u Trench
AMD	Am3550	576/124	5228		600-900	3.0-1.5	500 T	1.5u IMOX-
National	FGE6300	560/220	6300	245/420psECL;0.8/4nsTTL	225-570	5.2-1.3 *	600 S	1.5u FAST-Z
	FGX12000	4544/284	12269	500/700psECL	120-200	2.0-1.0 *	1800 T	1.5u ASPECT
	FGA14000		14K		120	5		
Ferranti	ULA100DS	4000/138	10k		1000	0.3	100S/250T	1.5u FAB-3
Fujitsu	ET4500	1120/120	4480		220-570	4.7-2.4 *	800 T	1u Ox.Isol.
	ET10000-H		9900		100	2.4	1100 T	1u Ox.Isol.
Honeywell	HE12000	4640/256	12k		340	6.0-2.0	500 T	1.25uADBIII
	HE70000		70K		200	0.2		0.5u
Motorola	MCA10000ECL	414/256	10k		150-300	8.0-2.0	1000 T	1.5u MOSAIC
NEC	uPD6312	400/108	1240	230/420psECL;0.5/1.9nsTTL	100-220	1.2	1500 T	ECL-4
Plessey	ELA6500		4500	200/800psECL;1.5/6nsTTL	180-560	3.6-1.9 *	2000 T	1.5u
	ELA8000	4300/256	15K	300/1000psECL	130	3.2-3.8	1500 T	1u
Rayth./BIT	CGA 40E12	- /120	8001		300	0.3	1200 T	2u BIT1
	CGA 70E18	7800/176	12540		300-500	0.3-0.5	1200 T	2u BIT1
Siemens	SH100E	1936/256	9000	200/750psECL	200	6.0		2u OXISIII
TI	TGE8000	896/120	8548	600ps	200	6.0-11.0	1000 T	1.25u ExCL
Valvo	ACE2200	100/128	2204	450psECL	350	3.0		
AMCC		Cell Array			500	0.9	600 T	2u Ox.Isol.
Raytheon		Cell Array			500	0.3	1200 T	Ox.Isol.
VTC	VL2000	Cell Array		470/1500psECL	350	2.0	500 T	2u Ox.Isol

* = 2-input NOR/OR typ. Values (1) : T=Toggle S=System

Tabelle 4.3 Neue ECL-Technologien (Auswahl)

Hersteller	Prozess	Beschreibung	Design rule/ Metalpitch (1. Lage)	Transitfr./ Uce	Toggle-frequenz	Gate Delay/ Power Dis. (F.O.= 1)
AMD	IMOX-III	Shallow impl. Transistors, Walled slot Isol. 2 Metall-Lagen	2u/4.5u	7GHz/1V		
Fairchild	ASPECT	Selbstjustierend, Polysilicid-Kontakte (E/B/C) 1 Poly-, 3 Metall-Lagen	1.5u/n.a.	7GHz/1V		100ps
Hitachi	SELECT	Selbstjustierend Poly-Basis-Kontakt / SICDS	2u/n.a.	25GHz/3V	10GHz	50ps
Honeywell	ADB-III	LOCOS, 3 Metall-Lagen	1.25u/n.a.		600MHz	150ps/1.3mW
Mitsubishi	SCOT	Salizid Basiskontakt, 3 Al-, 1 Pt-Si-Lage	1.5u/8u			150ps/0.36pJ
Motorola	MOSAIC 3	Poly-Si Kontakte (B/E), 3 Metall-Lagen	1.5u/n.a.		1.2GHz	150ps/1mW
NEC	ECL 4A	Selbstjustierend,3 Metall-Lagen, Poly-Kontakte			1.6GHz	100ps
NTT	SST	Selbstjustierend, 2 Metall-Lagen,Poly-Kontakte	1u/4u	12.4GHz/3V		
Plessey	HE	Trench Isolation, Poly-Kontakte, 3(4)M.-Lagen	1u/5u		3.6GHz	
Raytheon/BIT	BIT 1	Selbstjustierend, Poly-Kontakte, 2 M.-Lagen (Au)	2u/4u	5GHz		0.1pJ
Siemens	OXIS III	Selbstjustierend,Poly-Kontakte Oxidisolation, 3 Metall-Lagen	2u/9u	7GHz		
Texas Instruments	ExCL	Selbstjustierend,Poly-Kontakte,Trench-Isolation 3 Metall-Lagen	1.25u/4u	10GHz		<200ps

5 PACKAGING

5.1 ALLGEMEINES

Steigende Komplexitäten bei CMOS und ECL sowie sehr hohe Geschwindigkeiten im GaAs-Bereich erfordern neue Gehäusetechnologien. Vor allem bei Standardbauelementen überwiegt der Anteil der Bauformen für Steckmontage (DIL u.a.), während im Hybridbereich und gerade bei Kundenschaltkreisen mittlerer und höherer Komplexität mehr SMD-Gehäuse eingesetzt werden. Man erwartet, daß sich der Marktanteil der DIL-Bauformen von jetzt knapp 80% um etwa ein Viertel zugunsten neuer Gehäuseformen (insbesondere PLCC, LDCC, SOIC) bis zum Jahre 1990 verringert. Der wesentlichste Grund hierfür ist die Steigerung der Integrationsdichte auch auf Leiterplattenebene bei gleichzeitig verringerten Kosten. Weiterhin wollen die Halbleiterhersteller auf längere Sicht die Bondtechnik durch eine einfachere Methode ersetzen (TAB - Tape Automated Bonding). Der folgende Abschnitt soll einen kurzen Überblick über die mittlerweile verwirrend große Anzahl der Verpackungsformen, vor allem auch im Bereich neuerer Gehäusearten geben.

5.2 VERSCHIEDENE GEHÄUSEFORMEN UND DEREN EIGENSCHAFTEN

Man unterscheidet Gehäuseformen für die Oberflächenmontage (SMD - Surface Mounted Devices) und die Steckmontage (Insert Mounted Devices). SMD-Gehäuse haben den Vorteil der meist kleineren Bauform und damit auch geringerer Anschlußkapazitäten und -induktivitäten. Kleinere Bauformen erlauben außerdem eine höhere Packungsdichte, damit verringert sich gleichzeitig die durchschnittliche mittlere Verdrahtungslänge zwischen den Chips.

Nachteilig ist die schwierigere Handhabung beim Bestücken, Löten und Testen; hier sind außerdem erhebliche Investitionen für entsprechendes Fertigungsgerät notwendig. Wegen der meist hohen Integrationsdichte wird es zukünftig auch bei einer Großzahl reiner SMD-Leiterplatten notwendig sein, Durchkontaktierungen zu anderen Leiterebenen zu setzen, sodaß dieser aufwendige Arbeitsgang nicht entfallen kann. SMD-Gehäuseformen, insbesondere Kunststoffgehäuse für große Chips, werden thermisch stark durch die beim Löten auftretenden Übertemperaturen beansprucht. Vereinzelt wurde in diesem Zusammenhang schon von aufgetretenen Qualitätsproblemen berichtet /5.1/. Nachfolgend in Kurzbeschreibung die gebräuchlichsten Gehäuseformen (s. auch Abb.5.1 und Tab.5.1):

1. SOIC (Small Outline Integrated Circuit) - verkleinerte Form des DIL-Gehäuses mit 1,27mm- (50 Mil)-Anschlußraster. Es kommen Anschlüsse in abgebogener Form (Gull-Wing) oder J-Form bei Größen bis 28 Pins zur Anwendung. SOIC hat ebenso wie DIL den Nachteil, daß Anschlüsse in den Diagonalen des Gehäuses erheblich größere Verbindungslängen aufweisen als solche in der Mitte.

2. PLCC (Plastic Leaded Chip Carrier) - ein quadratisches Miniaturgehäuse mit bis zu 128 Pins. Alle Anschlüsse (Gull-Wing oder J) sind meist symmetrisch auf alle Seiten verteilt. Das Anschlußraster beträgt 50Mil mit Trend zur Verkleinerung auf 25Mil.

3. CLCC (Ceramic Leaded Chip Carrier) - die etwas teurere Bauform des PLCC, allerdings nur mit maximal 84 Pins erhältlich. Es wird für Prototypen eingesetzt, sowie dann, wenn besonders hohe Anforderungen an die klimatische Belastbarkeit gestellt werden.

4. LCCC (Leadless Ceramic Chip Carrier) - diese Bauform mit Lötflecken anstelle von Anschlußbeinen gibt es bis zu einer Gesamtpinzahl von 144 Pins, das Anschlußraster beträgt 50 bzw. 25Mil. Bei LCCC hoher Pinzahl kann es zu Ausdehnungsproblemen kommen, wenn kein temperaturkompensiertes Leiterplattenmaterial verwendet wird (dies kann jedoch durch Sockelung des Bauelements umgangen werden). PAD-Array-Carriers besitzen nicht wie LCCC ihre Lötflecken an den Gehäuseaußenkanten, sondern ähnlich wie beim Pin Grid Array in einem Raster unterhalb des Chips. PAD Array Carriers sind billiger als PGA und erlauben gleich große Anschlußdichten. Nachteilig ist, daß die verdeckten Lötstellen nach der Lötung nicht mehr kontrolliert werden können.

5. Flat-Pack - ein im Semicustom-Bereich seltener verwendetes Gehäuse, bei dem die Anschlüsse an den Gehäuseseiten nicht abgebogen sind. Diese Bauform ist auch in quadratischer Ausführung erhältlich (Quad Flat Pack). Mit Flat-Packs lassen sich bis zu 100 Anschlüsse bei einem Raster zwischen 0,43 und 0,63mm realisieren.

Gehäuse mit J-Anschlüssen haben einen etwas geringeren Platzbedarf, lassen sich leichter sockeln und sind robuster gegen mechanische Beschädigungen als solche mit Gull-Wings. Der Gull-Wing ist allerdings leichter kontrollierbar (z.B. bei

Lötfehlern).

Eine neue Verpackungsart - TAB (Tape Automated Bonding) - erlaubt Anschlußzahlen bis über 300 Pins für SMD-Montage, bei gleichzeitiger Kostenersparnis für den Halbleiterhersteller beim Bonden und Prüfen /5.7/.

Die Verarbeitungsmethode erfordert ein Band, das die metallische Anschlußspinne enthält. Diese Spinne ist in der Regel chipspezifisch, sodaß wegen der Werkzeugkosten diese Methode zunächst nur für entsprechende Stückzahlen in Frage kommt. TAB erlaubt eng tolerierte elektrische Kennwerte der Anschlüsse bei Reduzierung der parasitären Effekte gegenüber anderen SMD-Bauformen. Im Unterschied zu anderen Gehäuseformen wird hier zuerst der Bondvorgang durchgeführt, indem die Verbindungen parallel in einem Arbeitsschritt gebondet werden. Die Zugfähigkeit eines TAB-Bonds ist über fünfmal größer als die eines Drahtbonds.

Nach dem Bonden wird der Chip verkapselt und im Falle des Tape-Paks ein Kunststoffrahmen aufgepreßt, der dem Chip mechanische Stabilität verleiht und das Anschlußraster auf 0,51mm (bis 124 Pin-Gehäuse) bzw. auf 0,38mm für größere Gehäuse aufweitet. Diese Gehäuse sparen bis zu 3/4 Fläche gegenüber einer SMD-Lösung ein. Diese Art der Verarbeitung erlaubt es, das Chip nach dem Bonden und vor dem Verpacken vollständig zu testen. Das Verfahren wird derzeit in die Serienfertigung eingeführt. Die Verfahren der einzelnen Hersteller unterscheiden sich u.a. durch die Art der verwendeten Leadframe-Träger. Es werden sowohl einlagige Kupferbänder als auch dreilagige Kupfer/Polyimid-Tapes benützt. Handelsnamen für diese Technologie sind z.B. Tape-Pak (National Semiconductor) oder Mikropack (Siemens). Für die Steckmontage sind folgende Bauformen gebräuchlich:

1. DIP (Dual In Line Package) - die bekannteste Bauform im 2,54mm Raster für bis zu 64 Anschlüsse. Wegen des großen Platzbedarfs und der ungünstigen parasitären Anschlußkapazitäten nicht besonders gut für schnellste Schaltkreise geeignet. Es gibt DIP-Bauelemente in Plastik- und in Keramikgehäusen (CDIP). Beim QUIP (Quad In Line Package), einer Unterart des DIL-Gehäuses ist jedes zweite Pin versetzt angeordet. Es ergeben sich also bei den länglichen Gehäusen vier Pinreihen. Dadurch wird der Pin-zu-Pin Abstand verdoppelt.

2. SIL (Single In Line Package) - eine stehende Bauform, die auch im 100Mil Anschlußraster angeboten wird. Die Anschlüsse können zur Erreichung größerer Anschlußdichte oder Stabilität wechselweise versetzt sein (Zig-Zag-Package).

3. PGA (Pin Grid Array) - ein Steckgehäuse für größte Pinzahlen (bis 256 Pins). PGA sind nur in Keramik erhältlich. Es gibt zwei Varianten: Cavity down - (hier ist das aktive Silizium an die Gehäuseoberseite montiert und zeigt zur Leiterplatte - dies hat Vorteile bei der Wärmeableitung) sowie die komplementäre Cavity-up Version. Die Anschlüsse sind im 100Mil-Raster an der Gehäuseunterseite aufgebracht. PGAs zählen mit zu den teuersten Gehäuseformen.

Gehäuselose Montageformen werden ihren Marktanteil ebenfalls vergrößern. Sehr elegante Systemlösungen bei höchster Performance erlaubt das Chip-on-Board Konzept (COB). Hierbei wird das Halbleitersubstrat auf geeignetes Trägermaterial (Silizium bzw. Aluminiumoxid-Keramik oder auch spezielles Leiterplattenmaterial) aufgeklebt. Durch die direkte Bondung ergeben sich kleinste Anschlußkapazitäten. Die Bonds werden in der Regel einem Abreißtest unterzogen, um vor dem Vergießen sicher zu sein, daß alle Verbindungen einwandfrei sind. Die Chips selbst werden mit einer Vergußmasse oder auch elastischen Silikonen vor mechanischen oder klimatischen Einflüssen geschützt.

Eine Unterart dieser Bauform ist Silicon-on-Silicon, wobei Silizium als Trägermaterial verwendet wird. Der Vorteil liegt beim gleichen Wärmeausdehnungskoeffizienten.

COB-Techniken haben bereits auf dem Hybrid-Sektor sowie in bestimmten anderen Bereichen (z.B. RAM-Module, Uhrentechnik) eine große Bedeutung erlangt /5.6/.

Eine konsequente Fortsetzung der COB-Techniken ist die diskrete Waferscale-Integration. Vorgetestete Chips werden hierbei auf einen Si-Wafer geklebt und gebondet. Der Basiswafer enthält die Verdrahtung, die in Mehrlagentechnik ausgeführt sein kann. Die diskrete Waferscale-Integration bietet Integrationsmöglichkeit für sehr große Systeme ohne zusätzliche redundante Strukturen. Mit dieser im Entwicklungsstadium befindlichen Technologie konnte von Siemens die Systemintegration eines 6 Mbit-Speichers für ein Spracherkennungssystem auf einer Gesamtfläche von 20cm2 demonstriert werden.

Eine weitere Verpackungstechnik, die auch für kundenspezifische Systemlösungen interessant werden kann, ist Multichip-Packaging. In einem von AT&T vorgeschlagenen Verfahren wird ebenfalls Silizium als Trägermaterial benützt, die Anschlüsse sind als Pingrids realisiert. Der Si-Träger ermöglicht Mehrlagenverdrahtung; die Chipsubstrate werden aufgelötet. Dieses Montageverfahren hat den Vorteil, daß die Chips austauschbar bleiben. Die Methode soll für Systemfrequenzen bis über 100MHz sowie für Anschlußzahlen bis 500 Pins anwendbar sein /5.3/. Verschiedene Aspekte zur Multichip-Technologie sind in einem Übersichtsaufsatz von

Reichl /5.4/ dargestellt.

5.3 VERDRAHTUNGSPROBLEME BEI HOCHGESCHWINDIGKEITS-SCHALTKREISEN

Bei sehr schnellen Schaltkreisen muß die Leiterführung und damit auch der Übergang Leiterplatte/Gehäuse/Substrat in das Design mit einbezogen werden. Diskontinuitäten in der Leiterführung wirken sich sehr viel stärker aus und tragen durch Reflexionen zur Verkleinerung des Störabstandes, z.B. bei Digitalsignalen, bei. Weitere Aufmerksamkeit ist der Zuführung und der Siebung der Versorgungsspannungen zu widmen. Weiterhin treten bei schnellen Schaltkreisen oft Verlustleistungen im Bereich einiger Watt auf, die auch durch das Gehäuse abzuführen sind. Ein Konzept, das von dem GaAs-Halbleiterhersteller Gigabit Logic vertreten wird, basiert auf dem Silicon-Chip-Carrier-Prinzip. Auf dem Si-Chip-Carrier lassen sich u.a. vom Wellenwiderstand her optimierte Strip Lines, integrierte Abschlußwiderstände und integrierte Bypass-Kapazitäten realisieren. Der Silicon-Chip-Carrier selbst ist hierbei in ein spezielles Flat-Pack-Gehäuse montiert.

Das von Gigabit Logic vorgestellte Gehäuse erlaubt den Betrieb von Digitalschaltungen bis zu 3GHz bei 100ps Rise-/Falltime /5.5/. Das Übersprechen zu benachbarten Leitungen ist dabei bei 1V-Signalen kleiner als 40mV.

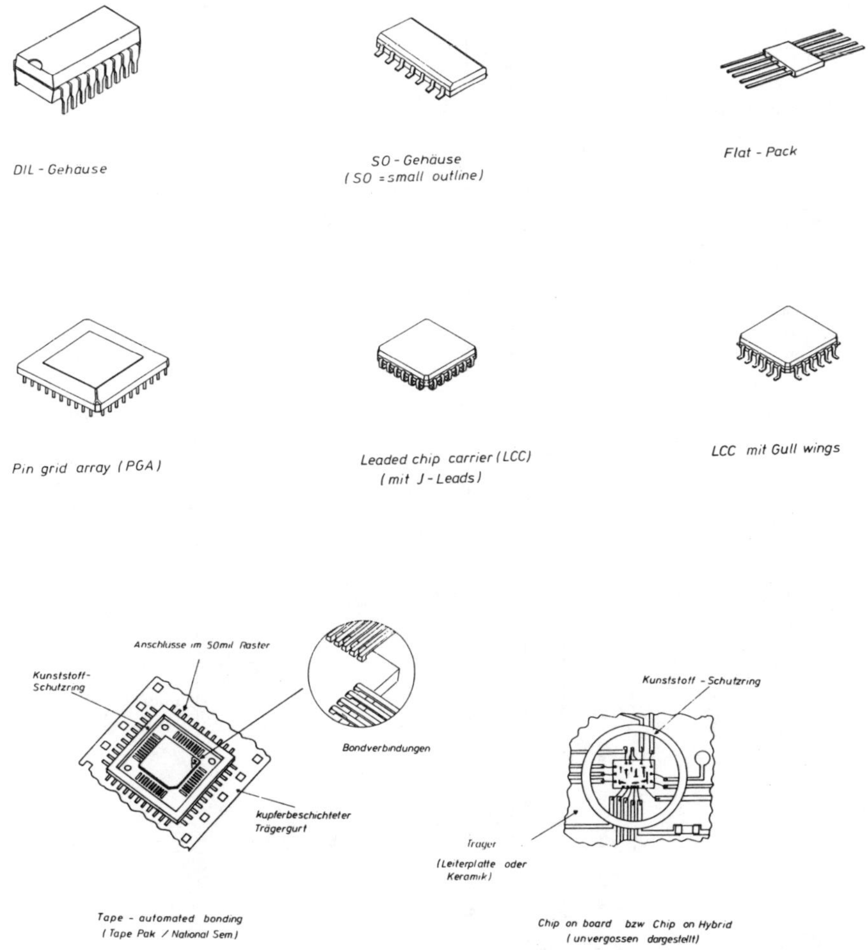

Abb.5.1 Verschiedene Gehäusetypen

Tab. 5.1 Zusammenstellung verschiedener Verpackungsarten

Typ	Max. Pincount heute/zukünftig	Flächenbedarf (28 Pin Package)	Thermische Eigenschaften	Pin Pitch heute/zukünftig	Parasitäre Effekte induktiv (pin)	kapazitiv (pin/pin)
DIP	64/80	7.54 cm2	+-	100/50	6-22nH	0.2-0.5pF
SOIC	28/-	2.45 cm2	-	50/20		
PLCC	128/200	2.135 cm2	+-	50/20	5-6.5nH	0.2-0.3pF
CLCC	84/-	2.135 cm2	+	50/20	5-6.5nH	0.2-0.3pF
LCCC	144/-	1.99 cm2	+	50-25/10		
PGA	256/1000	-	++	100/76		
TAB	284/>300		+-	20	1.2nH	0.1-0.2pF

6 DESIGN

6.1 ALLGEMEINES

Die kundengerechte Umsetzung eines Integrationsproblems ermöglicht in der Regel eine systemspezifisch optimale Lösung, die meistens nicht nur kostengünstig ist, sondern vor allem eine Voraussetzung bietet, mit technisch konkurrenzfähigen Produkten auf dem Markt zu bleiben. /6.1/

Dabei wird der Entwickler nicht nur durch die von ihm durchzuführende Systemdefinition gefordert, sondern zunehmend auch durch Anforderungen, die im unmittelbaren Zusammenhang mit der eigentlichen Realisierung des gewünschten Schaltkreises stehen.

Ein im Hause des Entwicklers zum Tragen kommendes Konzept für die Entwicklung von Kundenschaltkreisen muß primär auf die eigenen Belange zugeschnitten sein, sollte aber andererseits so offen gestaltet sein, daß sich zukünftige Designkonzepte ohne Schwierigkeiten einarbeiten lassen. /6.2/

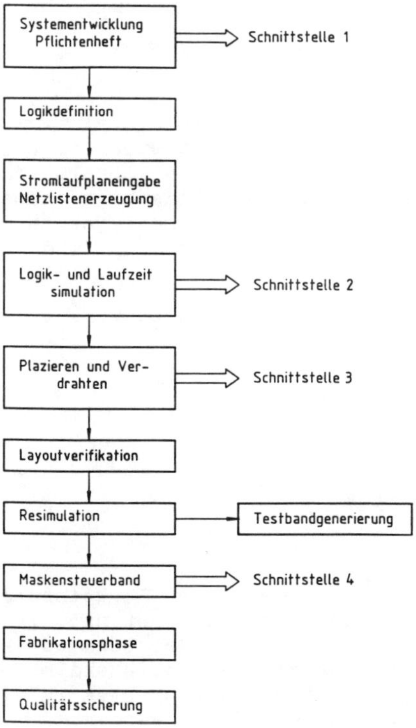

Abb.6.1

Designablauf mit den Schnittstellen:
(1) Pflichtenheft,
(2) sim. Netzliste,
(3) Layout,
(4) Maskensteuerband

Man unterscheidet im allgemeinen zwischen "geschlossenen" und "offenen" Entwicklungssystemen, wobei letztere den Vorteil haben, sich relativ problemlos in bestehende Rechnernetze eingliedern zu lassen.

Die Entscheidung für den Einsatz eines bestimmten Systemkonzeptes wird einmal von der Anzahl und Art der IC-Entwicklungen beeinflußt, zum anderen aber auch von der Form der Zusammenarbeit mit den Halbleiterherstellern. Abb.6.1 zeigt den Ablauf einer Entwicklung vom Pflichtenheft bis zur Qualitätssicherung. Die verschiedenen Schnittstellen Kunde/IC-Haus erfordern, in ihrer aufsteigenden Reihenfolge, zum einen größeres Design-Know-How, zum anderen größere Personal- und Rechnerkapazität. Die Übergabe der simulierten Netzliste an den Halbleiterhersteller (Schnittstelle 2) ist eine sehr gebräuchliche Schnittstelle.

Da nicht alle Halbleiterhersteller sämtliche CAD-Entwicklungsstationen unterstützen, ist nicht jede gewünschte Schnittstelle für Datenübertragung vom Kunden zum IC-Haus möglich. Eine Entscheidung für bestimmte Systemkonzepte bedeutet daher ausführliche Überlegungen, um letztendlich eine für den Entwickler optimale Konfiguration zur Verfügung zu haben. /6.3/

6.2 SCHALTUNGSENTWURFSVERFAHREN UND -REGELN

Schon bei Schaltungen mit relativ geringer Gatterkomplexität (etwa 50 bis 60 Gatterfunktionen) macht es wenig Sinn eine "flache" Schaltung zu entwickeln, da dies bei rechnerunterstütztem Design auf dem Bildschirm unübersichtlich wird. Man sollte hier hierarchisch entwickeln, d.h. die Schaltung in sinnvolle Funktionsblöcke und Unterblöcke unterteilen.

Hierbei unterscheidet man zwei Strategien:

* Top-down- und

* Bottom-up-Design

Beim Top-down-Design werden die Funktionsblöcke als "black boxes" definiert, von denen zunächst nur die allgemeine Funktion, sowie die Ein- und Ausgänge bekannt sind. Die Entwicklung der Schaltung erfolgt anschließend. So kann eine sehr komplexe Schaltung von einem Hauptproblem in viele kleine Teilprobleme von "oben herab" überführt werden.

Beim Bottom-up-Design wird die Schaltung von der "Wurzel" her entwickelt. Man entwirft zuerst die Schaltung auf einer unteren Ebene (z.B. Transistorlevel oder Gatterebene), definiert sie zu einem Funktionsblock und baut sie auf einer höheren Ebene als Schaltungselement in die Schaltung ein. Dies geschieht mit den einzelnen Hierarchiestufen bis man auf der obersten Ebene angelangt ist.

Diese beiden Designmethoden lassen sich jedoch bei sehr komplexen Schaltungen nicht so streng einhalten. Es kann vorkommen, daß die Schaltung eines Blockes mehr Gatterfunktionen aufweist als ursprünglich geplant. Wenn hierdurch die Übersichtlichkeit leidet, sollte man sich nicht scheuen die Schaltung in weitere Funktionsblöcke aufzuteilen.

Bei der Entwicklung integrierter Schaltungen sind verschiedene Entwurfsregeln zu beachten.

Bei einem Design auf Geschwindigkeit, d.h. mit zeitkritischen Pfaden in der Schaltung, gilt es u.a. folgende Regeln zu beachten:

1. Negative Logik ist schneller als positive, da von der Technologie her immer eine Zelle mit negativer Logik (NAND, NOR) entsteht, der ein Inverter angefügt werden muß.

2. Um zeitkritische Pfade zu treiben, sollte bei höherem Fan-Out die Logik dupliziert werden, sodaß ein Element nur den zeitkritischen und das andere Element die weiteren Pfade treibt.

3. Minimaler Einsatz von NOR-Gattern. Die Anstiegs- und Abfallzeiten eines NOR-Gatters differieren bei höherem Fan-out sehr stark, wogegen sie beim NAND annähernd symmetrisch sind. Außerdem liegt die Gatterverzögerungszeit des NOR höher.

4. Gatter mit vielen Eingängen, an die auch ein zeitunkritischer Pfad, bzw. ein spät ankommendes Signal geführt ist, in mehrere Stufen aufteilen. Das spät ankommende Signal wird dann erst in der letzten Stufe angefügt.

5. Komplexere Gatterfunktionen durch Makros aus der Herstellerbibliothek ersetzen, da diese geschwindigkeitsoptimiert sind.

In jedem Fall sollte auf Zuverlässigkeit der Schaltung hin entwickelt werden, wobei zu beachten ist:

1. Keine "Glitchgeneratoren", wie z.B. asynchrone Pulsgeneratoren einbauen, sondern Impulse über Flipflops mit hochfrequenten Takten erzeugen.

2. Takte nicht "vergattern" bzw. durch Zähler erzeugte Takte nicht über Gatter direkt benutzen, sondern über ein Flipflop nachtakten.

Da der fertige Baustein auch getestet werden muß, darf zudem die Testbarkeit der Schaltung nicht außer acht gelassen werden. Im Vorfeld eingeplanter Zusatzaufwand kann den späteren Testaufwand merkbar reduzieren und damit letztendlich die Entwicklung anwendungsspezifischer Schaltungen forcieren. In einem späteren Kapitel wird auf diese Entwicklungsmethode näher eingegangen.

6.3 DESIGNHILFSMITTEL

6.3.1 DESIGNHARDWARE

In der Designhardware unterscheidet man, wie eingangs schon angesprochen, offene und geschlossene Systeme.

Bei den "geschlossenen" Systemen handelt es sich um Workstations, bei denen Hard- und Software in der Regel von einem Anbieter kommen und optimal aufeinander abgestimmt sind.

"Offene" Systeme werden aus Hard- und Softwarekomponenten unterschiedlicher Anbieter zusammengestellt. Das hat generell den Vorteil, daß sich die Rechner leichter in ein bestehendes Netz integrieren lassen, wobei z.Z. sowohl VMS- als auch UNIX-Betriebssysteme bei Großrechnern und MS-DOS bei PC üblich sind.

Die Hardware-Grundausstattung sollte sich primär nach der gewünschten Art der Schaltungseingabe richten.

Bei alphanumerischer Schaltungseingabe, d.h. Eingabe der Netzliste mit dem Editor, benötigt man neben dem eigentlichen Rechner lediglich noch ein alphanumerisches Terminal und einen Drucker. Diese Art der Eingabe ist in der Regel schneller durchzuführen, erfordert jedoch für die Fehlersuche einige Übung und ist zur Schaltungsdokumentation ungeeignet.

Für die rechnerunterstützte Dokumentation des Designs, ist die grafische Eingabe auf jeden Fall vorzuziehen. Sie ist i.a. zeitaufwendiger als die alphanumerische Eingabe, da einige Sorgfalt für die Übersichtlichkeit aufgewendet werden muß und die Netzliste erst nach der Eingabe erzeugt wird. Ebenso ist der Hardwareaufwand größer, da in der Regel Farbterminals mit genügend hoher Auflösung, und ein qualitativ hochwertiger Plotter benötigt werden.

Um die nachfolgende Schaltungssimulation zu optimieren, besteht die Möglichkeit einen Hardwarebeschleuniger einzusetzen (z.B. Zycad), der üblicherweise die Schaltungssimulation um den Faktor 1000 gegenüber einem Softwaresimulator beschleunigt. Berücksichtigt man hier jedoch auch die "Ladezeit" der Daten in den Hardwaresimulator, verbleibt "nur noch" etwa der Faktor 10. Dies bedeutet bei sehr zeitaufwendigen Simulationen aber immer noch einen immensen Zeitgewinn.

Die Kosten eines solchen Hardwarebeschleunigers liegen heute zwischen $120k bis $1M, so daß sich diese Investition nur dann rechnet, wenn eine hohe Auslastung gewährleistet werden kann.

Als weitere Hardwarewerkzeuge sind noch sogenannte "Hybride Simulatoren" (z.B. HICHIP von GenRad) zu nennen, die es ermöglichen das ASIC im Simulationsstadium im Zusammenhang mit dem gesamten umgebenden System zu testen. Soll z.B. der zu entwickelnde Baustein mit einem Mikroprozessor zusammenarbeiten, wird letzterer in ein Zusatzboard des Hybridsimulators gesteckt und mit den Simulationsdaten für den ASIC angesteuert. Die Ausgangsdaten des Mikroprozessors können dann wieder in den ASIC eingespeist und dieser damit simuliert werden. Auf diese Weise läßt sich die Systemfunktion des Bausteins vor dem Erhalt von Fertigungsmustern überprüfen.

6.3.2 DESIGNSOFTWARE

Bei "geschlossenen" CAE-Systemen ist die Software, je nach Stufe bis zu der die Schaltung im Haus entwickelt wird, für Schaltungseingabe, Simulation und Layout vom Workstationhersteller implementiert. Die Software für "offene" Systeme hingegen muß individuell zusammengestellt werden. Dabei ist auf eine übereinstimmende Schnittstelle untereinander und die Anpassung an das Rechnerbetriebssystem zu achten.

Eine kurze Übersicht über die gängigen Designsysteme und ihre typischen Kosten ist in Tabelle 6.1 dargestellt.

6.3.2.1 SCHALTUNGSEINGABE

Wie zuvor schon angesprochen, kann die Schaltungseingabe alphanumerisch oder grafisch durchgeführt werden. Die alphanumerische Eingabe der Netzliste erfolgt mit dem rechnereigenen Texteditor. Für die grafische Schaltungseingabe mit entsprechender CAE-Software muß in der Regel noch eine Symbolbibliothek geladen werden, die die Makros des ausgewählten Halbleiterherstellers beinhaltet. Bei der Beschaffung der Grafiksoftware ist darauf zu achten, daß möglichst viele IC-Häuser dieses System mit ihren Bibliotheken unterstützen. Geeignete Softwarepakete sind hier z.Z. SDS von Silvar-Lisco für VAX- und IBM-Systeme und DASH-4 von FutureNet für IBM PC/AT und kompatible Systeme. Für die Schaltungsentwicklung mit PC-Systemen ist zu beachten, daß Schaltungen mit mehr als 2000 äquivalenten Gattern in der Regel nicht mehr vernünftig handhabbar sind.

Die für die Schaltungsentwicklung notwendigen Bibliotheken werden von den einzelnen Halbleiterherstellern gepflegt, d.h. mit neuen Makros versehen und optimiert.

Zum Abschluß der grafischen Schaltungseingabe erzeugt ein Interfaceprogramm eine für den jeweiligen Simulator geeignete Netzliste.

6.3.2.2 SIMULATION

6.3.2.2.1 Logiksimulation

Für die Simulation einer Schaltung muß ihre Beschreibung in Form einer Netzliste in einer Hardware Description Language (HDL) vorliegen. Hochkomplexe Schaltungssysteme können auf verschiedenen Ebenen beschrieben werden. Es gibt keinen Standard für Beschreibungsebenen; in der Regel werden folgende 6 Ebenen in aufsteigender Reihenfolge angeführt: /6.5/

1. Electrical Level

2. Switch Level

3. Gate Level

4. Register Transfer Level

5. Algorithmic Level

6. System Level

Die Simulation einer Schaltung wird i.a. auf der Gatterebene (Gate Level) durchgeführt. Dazu werden die Netzlisten mit einer geeigneten Bauteilebibliothek, die die Boolesche Beschreibung der verwendeten Symbole enthält, geladen. Die Symbolnamen und die Pins müssen mit den Grafiksymbolen übereinstimmen.

Ein Simulator, der von vielen Halbleiterherstellern unterstützt und dessen Simulationsergebnisse zur weiteren Verarbeitung akzeptiert werden, ist HILO-3 von GenRad. Hier wird nicht nur eine reine Logiksimulation durchgeführt, sondern es werden auch Gatterlaufzeiten berücksichtigt (Timing Verifier).

Zur Durchführung der Simulation benötigt ein Simulator neben der Netzliste eine Waveform und eine Kommandoprozedur - letztere, um den Simulator zu starten. Die Waveform beinhaltet die Eingangsstimuli, mit der die Schaltung "angeregt" werden soll. Man kann außerdem interne Knoten setzen, um bestimmte Fälle durchzuspielen. Zur Beobachtung der Schaltung können die Ausgangssignale, aber auch interne Knoten betrachtet werden.

Die Simulation sollte für nominale, 'best-case' und 'worst-case' Gatterlaufzeiten durchgeführt werden und muß dabei identische Ergebnisse ausweisen. Nur dann ist garantiert, daß mögliche zeitkritische Pfade nicht durch Prozeßparameter bzw. Arbeitstemperaturen beeinflußt werden.

Im Rahmen einer Schaltungsentwicklung verwendete Bibliotheks-Makros werden in der Regel ungeprüft übernommen, da sie vom Halbleiterhersteller bereits auf Transistorebene vorsimuliert wurden.

Die Simulation dieser Schaltungsteile erfolgt in der Regel mit dem Simulator SPICE /6.6/, der bei Bipolarschaltungen mit dem Gummel-Poon-Modell und für MOS-Schaltungen mit den Modellen MOS-Level 1 bis 3 /6.7/ arbeitet. Für gemischt Analog-/Digitalschaltungen gibt es Mixed-Mode-Simulatoren. Sie lassen jedoch i.a. keine komplexeren Strukturen als A/D-, D/A-Wandler, Op-Amps, Komparatoren usw. zu, da für mehr als 100 Transistorfunktionen immens hohe Rechenzeiten benötigt werden.

6.3.2.2.2 Fehlersimulation

Um den Fehlerabdeckungsgrad, d.h. die beim Test erkennbaren Fehler, feststellen zu können, werden Fehlersimulationen durchgeführt. Dabei wird die Schaltung mit automatisch generierten oder selbst entwickelten Testpattern als sog. "good machine" simuliert. "Good machine" bedeutet, daß dieses Simulationsergebnis als Vergleichsmodell für den fehlerfreien Chip angenommen wird.

In der Folge werden "bad machine"-Simulationen durchgeführt, die eine, nach bestimmten Fehlermodellen veränderte, Schaltung abbilden. Bei Verwendung gleicher Testpattern werden die Ausgangssignale verglichen.

Unterscheiden sie sich, ist ein Fehler beim IC-Test erkennbar. Bei den erkannten Fehlern handelt es sich i.a. um Produktionsfehler wie Siliziumdefekte, Maskenfehler usw.

Sind keine Fehler aufgetreten, werden entweder die Testpattern so lange geändert bis weitere Fehler auftreten, oder der erhaltene Fehlerabdeckungsgrad wird akzeptiert.

Die Fehlermodelle, mit denen der Fehlersimulator in der Regel arbeitet, sind "stuck-at-1"-, "stuck-at-0"-, "short"- und "open"-Fehler. Bei diesen Fehlertypen wird bei der Fehlersimulation jeder interne Knoten auf "logisch 1", "logisch 0" gelegt, Verbindungen eingebracht wo keine sind, oder bestehende "durchtrennt".

Im Prinzip ist die Fehlersimulation eine Mehrfachlogiksimulation der Schaltung und damit sehr rechenzeitintensiv.

6.3.2.3 SONSTIGE DESIGNSOFTWARE

Um aus der simulierten Netzliste schließlich ein IC-Layout herstellen zu können, müssen die Zellen (Makros) auf der Siliziumfläche plaziert und verdrahtet werden. Dies geschieht, wenn das erforderliche "Know-How" nicht im Hause des Systementwicklers vorhanden ist, in der Regel beim Halbleiterhersteller. Bei der dabei verwendeten "Place & Route"-Software gibt es zwei unterschiedlich Ansätze.

Zum einen werden zuerst die Makros plaziert, auf der Basis eines "Gummibandmodells" auf kürzeste Verdrahtungslängen optimiert und anschließend die Zellen untereinander verdrahtet. Im anderen Falle werden das Plazieren und Verdrahten der Makros selbst und untereinander, sowie eine notwendige Optimierung, gleichzeitig durchgeführt. Ein anschließender "Designrulecheck" (DRC) überprüft das Layout auf Einhaltung der Entwurfsregeln des Halbleiterherstellers, wie Abstand der Leiterbahnen untereinander, Durchkontaktierung usw.

Zur Entwicklung von Netzen kombinatorischer Logik, wie z.B. Steuerungen, stehen Logiksyntheseprogramme (z.B. LogIC von ISDATA) zur Verfügung. Diese Programme erzeugen aus einer Booleschen Gleichung Schaltungen auf Gatterebene.

Einige Halbleiterhersteller bieten auch eigene Softwarepakete zur Schaltungseingabe und Simulation an. Diese Pakete haben den Vorteil, daß sie ein kompaktes, geschlossenes System bilden, bei dem die Schnittstellen vollkommen übereinstimmen. Als Nachteil ist allerdings anzusehen, daß diese Programme nur für die Zusammenarbeit mit diesem einen Halbleiterhersteller nutzbar sind und so die Flexibilität des Schaltungsentwicklers einschränken.

6.4 TRENDS

Im Zuge der Vereinfachung des gesamten ASIC-Entwicklungsablaufs geht der Trend zu standardisierten Entwurfsverfahren und Datenformaten. So ist ein Ansatz die Einführung des EDIF-Formats (Electronic Design Interchange Format) für einfachen Datentransfer zwischen unterschiedlichen Hardwareplatformen.

Die Schaltungsentwicklung selbst soll zudem zunehmend vom Systementwickler übernommen werden, ohne die Einbindung eigens geschulter Schaltungsdesigner. Der Systemingenieur sollte dabei seine Aufgabenstellung schon auf der Systemebene umsetzen können, wo der größte Teil seines "Know-How" liegt. Dabei kann eine relativ schnelle Umsetzung in eine funktionierende Schaltung erreicht werden, ohne daß auf der zum Teil sehr problematischen Gatterebene (Testbarkeit, Synchronität usw.) entwickelt werden muß. Der Systementwickler muß sich dabei auch nicht mehr um Detaillösungen kümmern, die von einer hochentwickelten Designumgebung übernommen werden können.

Ein Werkzeug, das aus funktionellen Beschreibungen automatisch Layouts produziert, ist der sog. "Silicon Compiler". Er kann heute jedoch lediglich für die Entwicklung einzelner Blöcke eingesetzt werden. Die automatische Generation ganzer Systeme ist noch nicht möglich. Halbleiterhersteller setzen solche Silicon Compiler zur Generierung von RAM/ROM- oder PLA-Blöcken ein.

Man unterscheidet heute in der Regel zwei Typen:

1. Architectural Silicon Compiler

2. Behavioural Silicon Compiler

Der "Architectural Siclicon Compiler" erzeugt aus der funktionellen Beschreibung des Blocks eine Implementierung mit vorhersagbarer Struktur. Eine Implementierung der Schaltung aus funktionellen Beschreibungen ohne vorhersagbare Struktur, erzeugt hingegen der "Behavioural Silicon Compiler". Ein Werkzeug, das anschließend diese Blöcke generiert, sie auf dem Chip plaziert und im Rahmen der Systemlösung untereinander verdrahtet existiert derzeit jedoch noch nicht. Es erweist sich jedoch schon jetzt als hilfreich, wenn zur Verfügung stehende CAE-Werkzeuge die IC-Synthese, das Management und die Design Verifikation unterstützen. Bereits entwickelte Schaltungsteile sollten in einer Datenbank abgelegt werden können, damit sie nicht jedesmal neu entwickelt, sondern u.U. nur modifiziert werden müssen.

Dies läuft in Richtung künstliche Intelligenz/Expertensysteme, die aus einer Basis mit Regeln, einer Schlußfolgerungsmaschine und einem Arbeitsspeicher bestehen.

Expertensysteme für VLSI-Design stehen jedoch noch nicht in einer geeigneten Form zu Verfügung.

Expertensysteme für das Chipdesign können hier einen erheblichen Fortschritt generieren, sobald die Schwierigkeiten bei der Wissensaquisition und -verarbeitung soweit gemeistert sind, daß Dialogsysteme mit ausgeprägten Wissensbasen für die Arbeit des Systementwicklers zur Verfügung stehen.

Tab. 6.1 Gängige Designsysteme (Auswahl verschiedener Hersteller)

Anbieter	Anwendung	Werkzeuge	Technologien	Preise
Daisy Cadnetix	Gate Array Standardzelle Vollkundenschaltkreis Analogarray	LOGICIAN: Workstation mit Grafikeditor Timing Verifier und Logiksimulator GATEMASTER: Software zum Plazieren u. Verdrahten v. Gate Arrays u. Standardzellen CHIPMASTER: Maskeneditor für Vollkundenschaltkreise	CMOS ECL TTL BiCMOS	k.A.
Mentor Graphics	Gate Array Standardzelle Vollkundenschaltkreis Analogarray	IDEA: Workstation mit firmeneigener Software für die Schaltungsentwicklung	CMOS ECL TTL BiCMOS	k.A.
LSI Logic	Gate Array Standardzelle Sea of Gates	MED: Firmeneigenes Designsystem zur Entwicklung firmeneigener ASICs bis zum Layout	CMOS BiCMOS	k.A.
GenRad	Gate Array Standardzelle Sea of Gates Vollkundenschaltkreis	System HILO: Software zur Logik-, Timing- und Fehlersimulation herstellerunabhängiger Digitalschaltkreise		100 TDM
Silvar Lisco	Gate Array Standardzelle Sea of Gates Vollkundenschaltkreis	SDS: Software zur Schaltplaneingabe mit Interfaces zu verschiedenen Simulatoren, u. a. HILO HELIX: Logiksimulator ANDI: Analog-/Digitalsimulator		25–100 TDM je nach Rechnergröße

7 TESTFREUNDLICHER SCHALTUNGSENTWURF

7.1 ALLGEMEINES

Wirtschaftlicher Einsatz komplexer Schaltungen bedingt eine - bezogen auf die Systemlebensdauer - uneingeschränkte Funktionalität. Dies gilt sowohl für Standardbauelemente als auch für ASIC .

Zunehmende Chipkomplexität, verbunden mit abnehmenden Möglichkeiten für den Schaltungstest, erfordern Entwicklungsmethoden, die Testaspekte schon während des Designvorganges mitberücksichtigen.

Beim Bauelementetest werden, ähnlich wie bei der Fehlersimulation (Kap.6.3.2.2.2), die aktuellen Testergebnisse mit denen des Vergleichsbauelements ("good machine") verglichen. Sind sie identisch, ist der Prüfling in Ordnung; im anderen Fall handelt es sich um einen Ausfall.

Abb.7.1 zeigt das Ausfallniveau eines Bausteins als Funktion von Ausbeute (Yield) und Fehlerabdeckungsgrad.

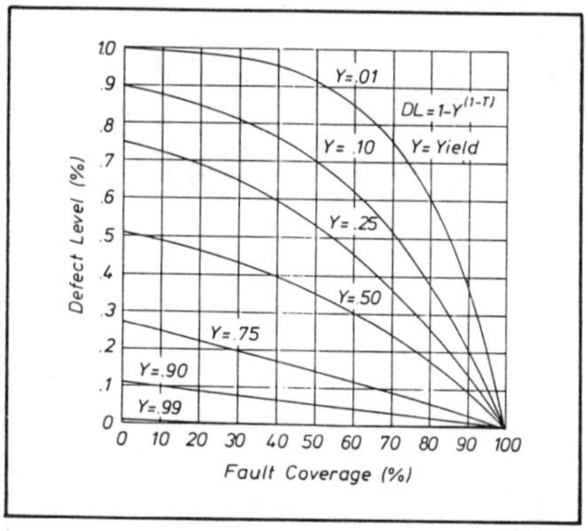

Abb.7.1 Defect Level als Funktion von Ausbeute und Fehlerabdeckung (nach 7.2)

Beträgt die Ausbeute 0,25 und wird nicht getestet, werden, nach der Definition für die Ausbeute, 25% gute und 75% schlechte Bausteine ausgeliefert. Man spart zwar die Testerkosten, liefert aber viele schlechte Chips aus. Soll das Ausfallniveau auf einer niedrigen Ebene gehalten werden, 1% oder geringer, benötigt man einen Fehlerabdeckungsgrad weit über 90%. /7.2/

Zur Erreichung eines hohen Fehlerabdeckungsgrades, müssen möglichst viele interne Knoten der Schaltung bewegt werden (Togglerate), was allerdings lange Testzeiten zur Folge hat.

Um die Testzeit trotzdem in vernünftigem Rahmen zu halten (einige Sekunden) bzw. überhaupt einen testbaren Schaltkreis zu erhalten, werden im folgenden einige Maßnahmen und Methoden vorgestellt, die unter dem Begriff "Design for Testability" in die Literatur eingegangen sind.

7.2 ENTWURFSTECHNIKEN

Abb.7.2 bis 7.6 zeigen einige Beispiele zu testbaren und nicht testbaren Schaltungen. Kombinatorische Logik (Abb.7.2) ist in der Regel einfach zu testen. Parallele Logik (Abb.7.3) benötigt Testeingänge, um jeden Zweig definiert testen zu können. Register müssen "Reset"-Leitungen haben, um sie in definierte Zustände bringen zu können (Abb.7.4). Sequentielle Logik (Abb.7.5, 7.6) benötigt mindestens einen Testpin, um Testbarkeit zu gewährleisten. Entwurfstechniken zum Erreichen einer möglichst weitgehenden Testbarkeit unterschiedlicher Schaltungstypen lassen sich in vier Klassen unterteilen:

1. Ad Hoc-

2. strukturspezifische-

3. Scan-

4. Selbsttest-Methoden

die im einzelnen in den folgenden Abschnitten näher betrachtet werden.

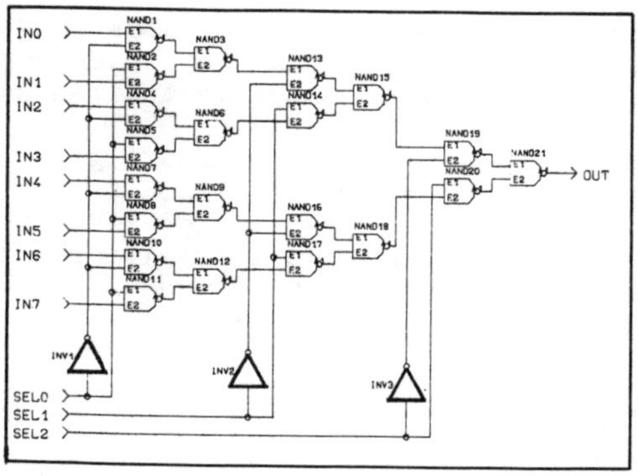

Abb.7.2 Kombinatorische Logik ist einfach zu testen

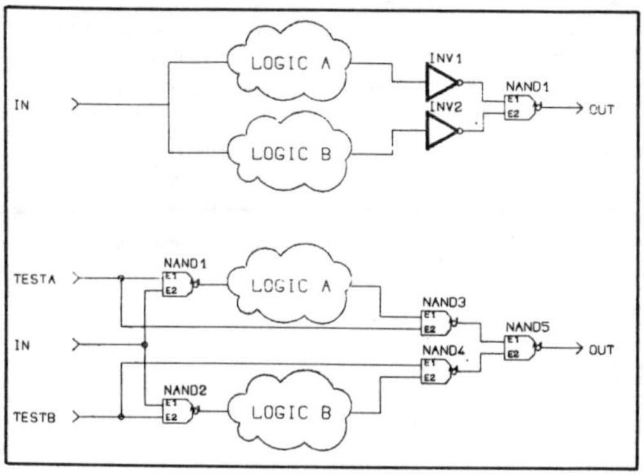

Abb.7.3 Untestbarer und testbarer paralleler Zweig

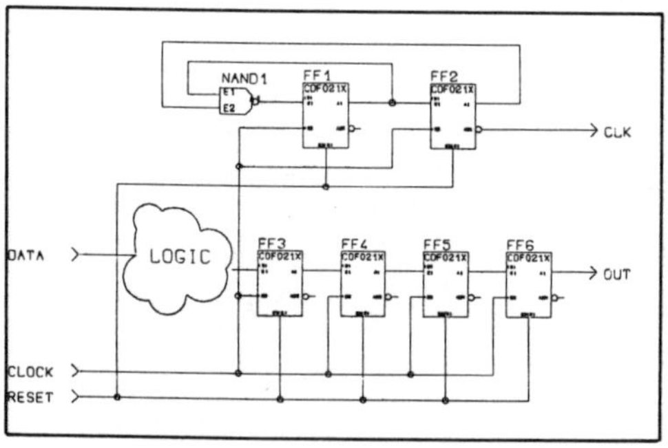

Abb.7.4 Resetleitungen zum Rücksetzen von Registern

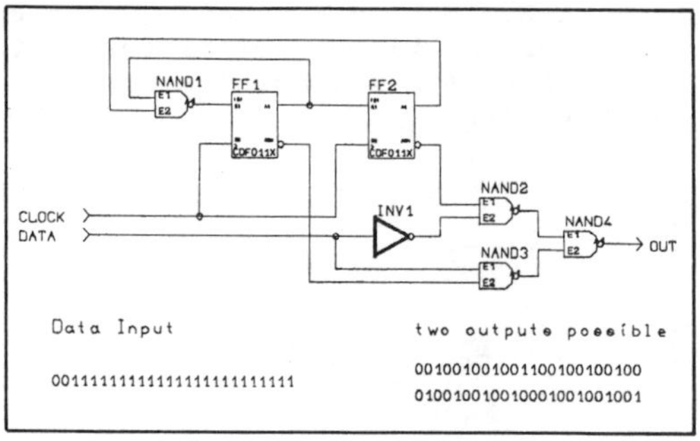

Abb.7.5 Sequentielle Logik ohne Testleitung (untestbar)

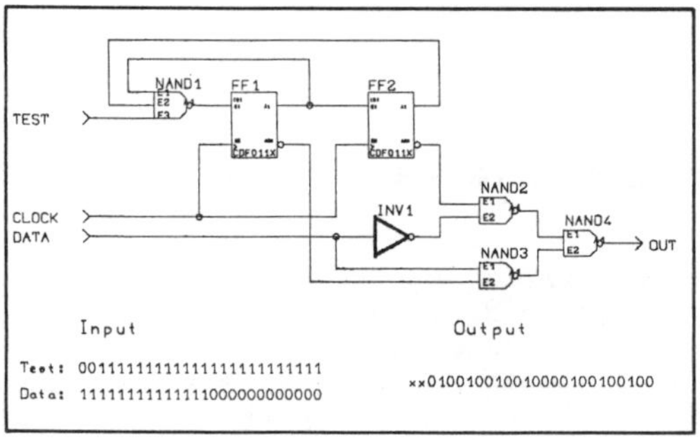

Abb.7.6 Sequentielle Logik mit Testleitung

7.2.1 AD HOC-ENTWURFSTECHNIKEN

Ad Hoc-Methoden kennen keine systematischen Entwurfsregeln, d.h. Kontrollierbarkeit und Beobachtbarkeit fehlen. Zu dieser Kategorie zählen das Testpunktverfahren und die Signaturanalyse /7.3/.

Bei der Testpunktmethode werden schwer zu kontrollierende oder zu beobachtende Punkte über eine Schnittstelle nach außen geführt, wobei die Auswahl der Punkte heuristisch erfolgt. Anwendbar ist die Testpunktmethode nur für kleine Komplexitäten, da zusätzliche Hardware nötig, und der erreichbare Fehlerabdeckungsgrad gering ist.

Bei der Signaturanalyse handelt es sich im wesentlichen um eine Kompaktierung von Testdaten in einem linear rückgekoppelten Schieberegister (Linear Feedback Shift Register LFSR). Abb.7.7 zeigt den prinzipiellen Aufbau einer Signaturanalyseschaltung, bei der die Schieberegisterblöcke über EXOR-Gatter rückgekoppelt sind. Diese lineare Rückkopplung bewirkt, daß die maximale Länge des LFSR (2 Exp n)-1 Testdaten beträgt (hier n=3, d.h. 7 Testdaten), die mit 3 Bit dargestellt werden können. Diese Kompaktierungstechnik bewirkt, daß viele Eingangswerte von Y auf die maximale Länge, die Signatur, begrenzt werden.

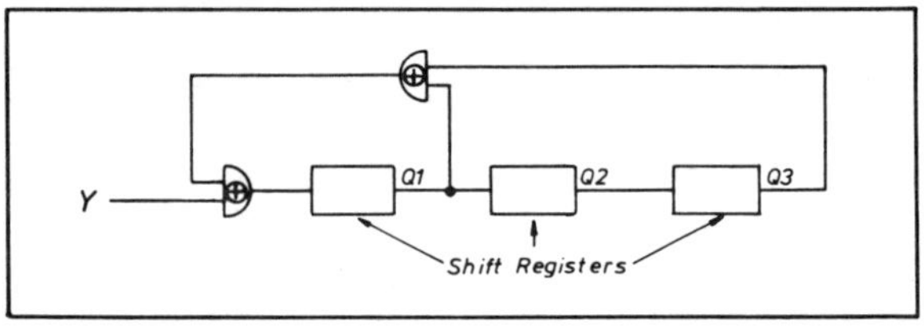

Abb.7.7 Signaturanalyseschaltung

7.2.2 STRUKTURIERTE DESIGNTECHNIKEN

Die Regularität spezieller optimierter Blöcke, wie Speicher, PLA oder Mikroprozessoren, erlaubt die Topologie in den Test mit einzubeziehen. Damit lassen sich nicht nur die klassischen Stuck-at-Fehler, Kurzschlüsse und Unterbrechungen (s. Kap.6.3.2.2), sondern auch sog. Kreuzungsfehler (Crosspoint Faults) erkennen. Sie werden, z.B. in PLA , durch Ab- bzw. Anwesenheit von Transistoren in den Schaltmatrizen hervorgerufen.

Um sequentielle Logik bzw. Speicherelemente zu testen, kommen sog. Scan-Testmethoden zum Einsatz. Diese Technik erlaubt ein racefreies Testen der kombinatorischen Logik. Man benötigt jedoch im allgemeinen 10 bis 30% Schaltungsoverhead, da für die, in der Schaltung vorkommenden, D-Flipflops zusätzliche Multiplexer benötigt werden bzw. mit 2 Latches gearbeitet werden muß. Außerdem müssen 4 bis 5 zusätzliche I/O-Pins für den Test vorgesehen werden.

Beim Scan-Test unterscheidet man 3 Methoden:

1. Level Sensitive Scan Design (LSSD)

2. Scan Path

3. Scan Set

7.2.2.1 LEVEL SENSITIVE SCAN DESIGN (LSSD)

Bei der LSSD-Methode werden einzelne Zustandsspeicher in separat getaktete Latches aufgeteilt. Abb.7.8 zeigt die beiden Latches L1 und L2 in einem Schieberegister SRL mit den Eingängen D(=Daten), C(=Systemtakt), I(=Scan Eingang), A(=Takt für Latch 1) und B(=Takt für Latch 2). Da die Eingangsdaten bei aktivem Pegel der Takte an den Ausgang weitergeleitet werden, sind die Latches zustandssensitiv (level sensitive). Anhand Abb.7.9 (Darstellung von Abb.7.8 in NAND-Logik) soll das LSSD kurz erklärt werden. Takte und ihre Polarität sind sehr wichtig. Die Bezeichnung -A, -C und -B bedeutet, daß die Logik "active-low", d.h. der aktive Pegel logisch "0" ist.

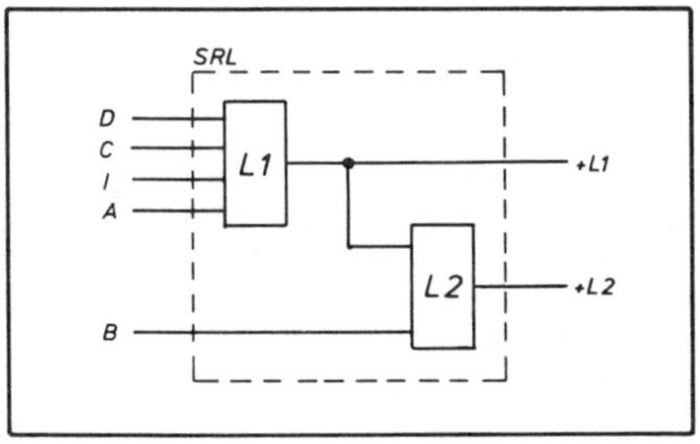

Abb.7.8 Level Sensitive Shift Register - SRL

Haben alle drei Takte den Wert "1" wird das Datensignal D nicht durchgeschaltet. Wird der Systemtakt -C "0", wird D nach +L1 durchgeschaltet und auf Gatter 3 und 4 rückgekoppelt. Liegt die Information von D am Ausgang +L1, kann der Takt -C wieder den Wert "1" annehmen. Dies ist der zustandssensitive Teil des Zustandsspeichers.

Für den Scan-Test werden die Takte -A und -B benötigt. -A schaltet das Testsignal am Scan Eingang I in das Latch L1, den "Master", genau so wie -C die Daten D durchschaltet. Der Takt -B schaltet auf die gleiche Art das Testsignal in das Latch L2, den "Slave", wo das Scan Signal am Ausgang +L2 zur Verfügung steht. Die Takte -A und -B dürfen natürlich nicht gleichzeitig schalten, sondern nur so, wie in Abb.7.9 dargestellt. Abb.7.10 zeigt, wie ein "Scan Path" auf Chip-Ebene durch die Zustandsspeicher SRL zu einem großen Schieberegister verschaltet werden kann.

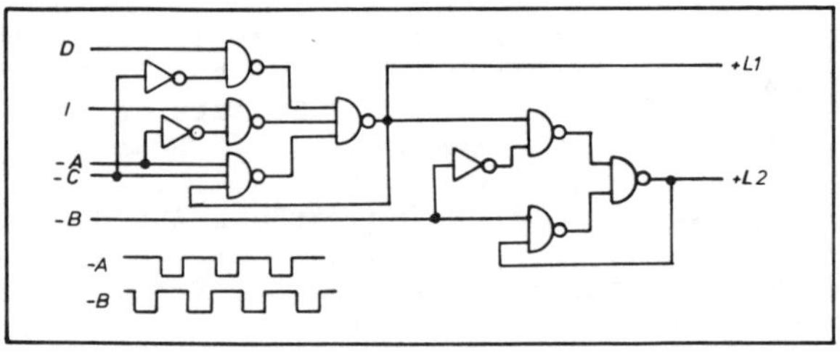

Abb.7.9 SRL in NAND-Logik mit Takten -A und -B

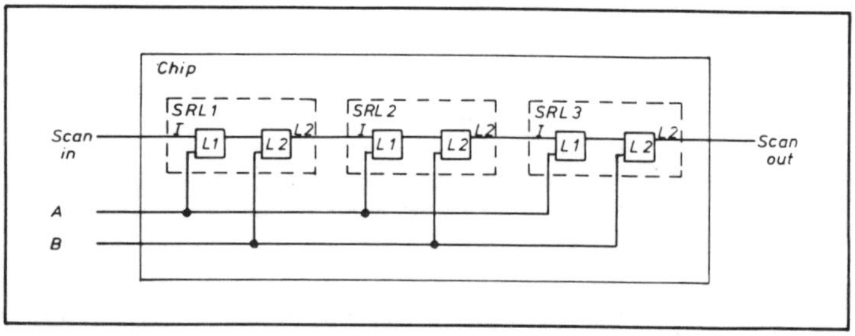

Abb.7.10 Verschaltung von SRLs auf Chipebene

7.2.2.2 SCAN PATH-VERFAHREN

Das Scan Path-Verfahren - eine häufig angewandte Testmethode - erlaubt den Zugriff auf interne Knoten über einen seriellen Pfad. Hierzu werden alle Flipflops und Register durch eine zusätzliche Logik zu einem Schieberegister zusammengeschaltet. Bei komplexen Schaltungen läßt sich der Scan Path in mehrere gleich lange Pfade aufteilen, um die Testbarkeit zu erhöhen bzw. die Testzeit zu verkürzen.

Abb.7.11 zeigt ein modifiziertes D-Flipflop, das neben den üblichen Ein- und Ausgängen noch über Scan Ein- und Ausgänge verfügt. Set- und Reset-Eingänge können ebenfalls noch vorhanden sein. Beim Scan Path werden alle Flipflops über diese Scan-Anschlüsse in Reihe geschaltet, wobei der Q- und der Scan-Out-Anschluß identisch sein können. Als zusätzliche Logik am Flipflop ist ein 2:1 Multiplexer vorzusehen über den mit dem SEL-Eingang zwischen Betriebs- und

Scan-Modus gewählt werden kann.

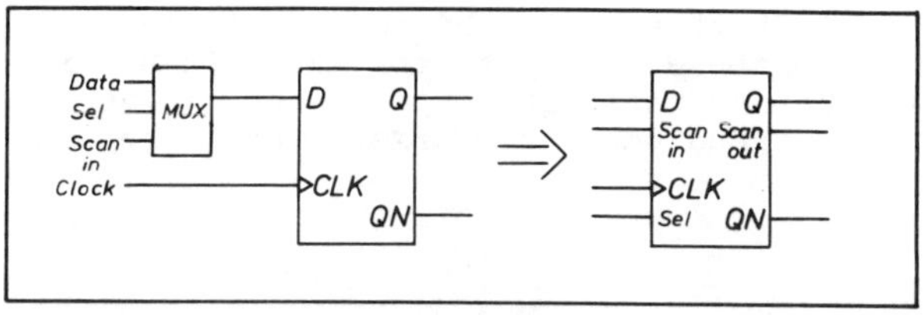

Abb.7.11 Für Scan Path modifiziertes D-Flipflop

Die Funktion des Scan Tests wird im folgenden beschrieben: Mit den Testpattern wird die Schaltung als "good machine" (vergl. Kap.6.3.2.2.2 Fehlersimulation) simuliert. Dieses Simulationsergebnis liegt als Vergleichswert vor. Beim Test werden die Testpattern in die Flipflops, die im Scan-Modus arbeiten, eingetaktet, wobei alle Flipflops am gleichen Takt liegen müssen. Sind der oder die Testvektoren, in der Länge eines Scanpfades, in die Schaltung "eingeschoben", wird in den Betriebsmodus umgeschaltet. Die an den Flipflop-Ausgängen liegenden Testdaten werden von der kombinatorischen Logik abgearbeitet und liegen an den Eingängen der nachfolgenden Flipflops. Nach dem erneuten Umschalten in den Scan-Modus werden die Daten ausgelesen und mit dem Simulationsergebnis verglichen. Dieser Vergleich bringt das Ergebnis "go" oder "nogo", d.h. die defekten Bausteine werden aussortiert.

Dieses Testverfahren benötigt im günstigsten Fall, d.h. wenn alle Flipflops am gleichen Takt liegen, drei zusätzliche Pins: für Scan-in, Scan-out und Select. Der Schaltungsoverhead durch die Multiplexer ist gering, da die Makrobibliothek in der Regel bereits optimierte Scan Path Flipflops enthält.

7.2.2.3 SCAN SET-VERFAHREN

Bei der Scan Set-Methode wird, wie bei allen Scan Tests, ein Schieberegister benötigt, das seriell oder parallel geladen werden kann. Im Gegensatz zu den beiden anderen Scan-Testmethoden liegt das Schieberegister außerhalb des Datenflußpfades. Es wird parallel mit den Daten der zu beobachtenden Testpunkte geladen und seriell ausgelesen.

Zur Unterstützung der Kontrollierbarkeit können mit den Daten im Schieberegister auch einzelne Flipflops gesetzt oder die Struktur der Schaltung für den Test beeinflußt werden.

7.2.3 SELBSTTEST

Unter Selbsttest versteht man die Fähigkeit eines Netzwerks, vorgegebene Testpattern auf ein Unternetzwerk anzuwenden und das Ergebnis zu komprimieren. Das Ergebnis kann dann mit der "good machine"-Vorgabe verglichen und ausgewertet werden.

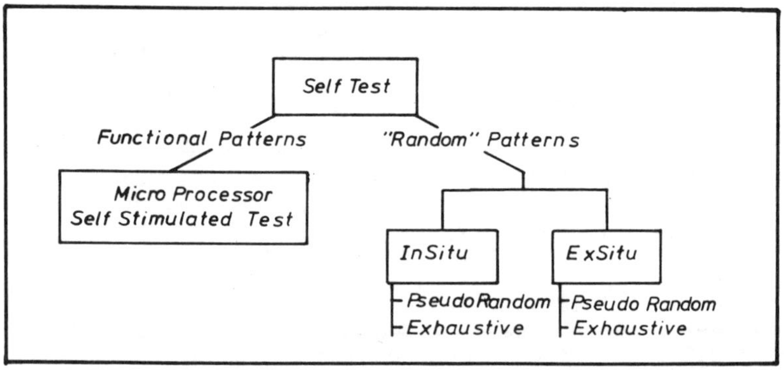

Abb.7.12 Selbsttestmöglichkeiten

Abb.7.12 zeigt Selbsttestmöglichkeiten die im folgenden näher beschrieben werden.

7.2.3.1 SELBSTTEST MIT MIKROPROZESSOREN

Der Selbsttest mit Hilfe eines Mikroprozessors, wird mit funktionellen Testpattern durchgeführt, die so geschrieben sind, daß sie den Prozessor selbst und verschiedene Schaltungsteile testen. Das Ergebnis wird dann in einem RAM abgelegt und kann vom Tester über einen Bus ausgelesen und mit der "good machine" verglichen werden. Dieser Test wird in der Regel mit Geschwindigkeiten durchgeführt, die denjenigen im Produkteinsatz entsprechen. Hierbei genügt es normalerweise Spannung und Taktsignal anzulegen, so daß der Chip mit einem Minimum an Testeraufwand geprüft werden kann.

7.2.3.2 INSITU- UND EXSITU-SELBSTTEST

Der InSitu-Selbsttest ist eine Verbindung von Scan Path und Signaturanalyse. Die Flipflops verschiedener Blöcke werden zum einen als Testpatterngenerator, zum anderen zur Aufnahme des Testergebnisses benutzt.

Hierzu verwendet man "Built-In-Logic-Block-Observation"-Elemente, kurz BILBO-Elemente. Die verschiedenen Modi eines BILBO-Elements sind in Abb.7.13 dargestellt.

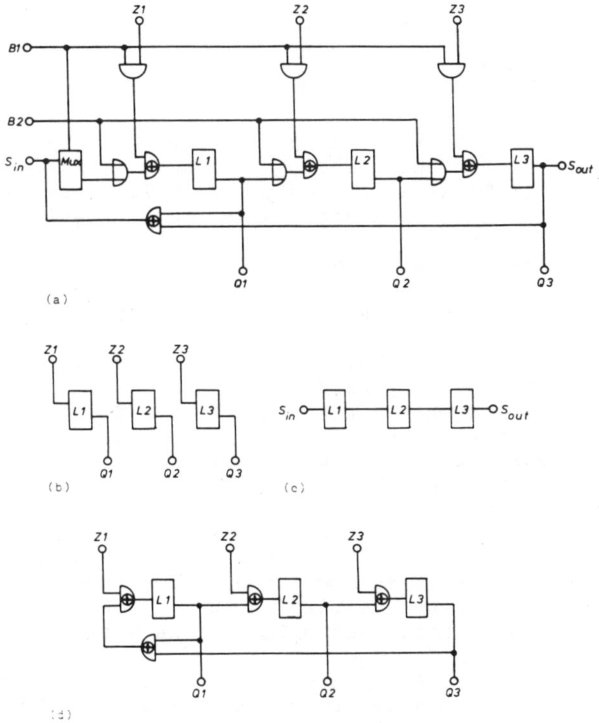

Abb.7.13 BILBO und seine verschiedenen Modi

Abb.7.13(a) zeigt den grundsätzlichen Aufbau des Registers, das über die Eingänge B1 und B2 eingestellt wird. Den Einsatz im System als "unabhängige" Flipflops zeigt Abb.7.13(b). Der Prüfablauf für einen kombinatorischen Block stellt sich so dar, daß das BILBO-Register 1 in den Signaturanalyse-Modus und Register 2 in den Testvektorgenerator-Modus gebracht werden (beide Abb.7.13(d)). Die von Register 2 erzeugten Pseudo-Random-Pattern werden von der zu testenden kombinatorischen Logik abgearbeitet und im Register 1 zur Signatur verarbeitet und gespeichert. Am Testende wird Register 1 in den Scan-Mode umgeschaltet (Abb.7.13(c)) und die Daten werden seriell ausgelesen.

Zum Test des zweiten kombinatorischen Blocks, tauschen BILBO-Register 1 und 2 ihre Aufgaben.

Der ExSitu-Selbsttest erfolgt analog zum InSitu Test, wobei lediglich die Erzeugung der Pseudo-Random-Pattern und das Erzeugen und Abspeichern der Signatur über externe Register erfolgen.

7.3 ZUSAMMENFASSUNG

Der immer höher werdende Integrationsgrad von integrierten Schaltkreisen zeichnet sich auch im Bereich der ASIC ab, (1988: >100K Gatter pro Chip), weshalb heute in der Regel nicht mehr darauf verzichtet werden kann, Testfunktionen auf dem Chip vorzusehen. Die Kriterien, nach denen getestet werden kann, richten sich nach verschiedenen Anforderungen.

Wünscht sich der Anwender geringe Anteile defekter Bausteine pro Los, wenig Pins, die nur für Testzwecke benötigt werden und maximale Geschwindigkeit der Technologie, die nicht durch zusätzliche Test-Hardware reduziert wird, so legt der Design- und Testingenieur besonders Wert auf leicht zu implementierende Teststrukturen, simulationsfreundliche Schaltungen, leichtes Erkennen von Fehlerquellen bei hohen Ausbeuteverlusten, geringe Chipfläche und kurze Testzeiten bei maximaler Fehlerabdeckung.

Um insbesondere der Forderung nach kürzerer Testzeit gerecht zu werden, implementieren immer mehr ASIC-Anbieter Teststrukturen in ihre Bibliotheken - wobei hauptsächlich Flipflops mit Scan Path-Testmöglichkeiten verwendet werden.

Solche Testhilfen, die bei höheren Komplexitäten eigentlich schon Designnotwendigkeiten sind, erleichtern dem Systementwickler ohne Frage die Arbeit - ohne daß Nachteile in den einzelnen Entwicklungsphasen in Kauf genommen werden müssen.

Hohe Ausfallsicherheiten der Einzelbauelemente führen dann schließlich auch zu kostengünstig produzierbaren Systemen, die mit geringstem Wartungsaufwand betrieben werden können. Um dieses Ziel erreichen zu können, ist jedoch ein konsequentes Anwenden der beschriebenen Methoden notwendig.

8 PROBLEME DER STRUKTURVERKLEINERUNG

8.1 ALLGEMEINES

Die Strukturverkleinerung von Bauelementen besitzt sowohl Grenzen prozeßtechnischer als auch physikalischer Natur. Die prozeßtechnische Grenze ist durch die Möglichkeiten moderner Bearbeitungsverfahren bedingt. Hierzu zählt besonders die Lithografie, aber auch andere kritische Prozeßschritte. Die bauelementephysikalische Grenze ist primär gekennzeichnet durch die parasitären Effekte des entsprechenden Bauteils, die mit zunehmender Verkleinerung immer weiter in den Vordergrund treten. Weiterhin spielen von außen einwirkende Störungen (z.B. Alpha - Partikel) bei miniaturisierten Bauelementen eine zunehmende Rolle. Im Hinblick auf die VLSI-Fähigkeit der Strukturen ergeben sich weitere Beschränkungen. Die erreichbare Komplexität ist bei bekannter Technologie durch die Ausbeute und durch die maximal mögliche Chipverlustleistung (thermische Grenze) begrenzt. Die geometrischen Abmessungen des Chips, die mit durch die erreichbare Packungsdichte der Strukturen (einschließlich des Verdrahtungsanteils) bestimmt werden, haben über die Signallaufzeit einen Einfluß auf die maximal möglichen Arbeitsfrequenzen des Chips.

Die Motivation für ein Erhöhen der Integrationsdichte liegt in der Erzielung eines Produktivitätsgewinns. Dies gelingt nur, wenn der Aufwand für die Realisierung kleinerer Strukturen durch verbesserte Verfahren bzw. durch einen Automatisierungsgewinn aufgefangen werden kann, d.h. wenn die Integrationsdichte schneller als die Prozeßkosten steigt.

Da eine Behandlung der verschiedenen Prozesse sicher den Rahmen dieses Berichts sprengt, soll im nächsten Abschnitt nur auf die Lithografie näher eingegangen werden. Sie zählt zu den meistverwendeten Prozeßschritten und kommt technologieübergreifend zur Anwendung. Weitere kritische Verarbeitungsverfahren sollen nur kurz benannt werden, da sie teilweise schon in den vorangegangenen Kapiteln diskutiert wurden. Das Kapitel schließt mit einer Betrachtung verschiedener Skalierungsregeln.

8.2 LITHOGRAFISCHE GRENZEN

Die Technik der Strukturübertragung ist immer einer der wesentlichen Faktoren bei der Miniaturisierung der Bauelemente gewesen. Die erreichbare Auflösung wird sowohl von der Qualität des strukturerzeugenden Mediums (Optik, Maskentechnik) als auch von den Eigenschaften der verwendeten Resists beeinflußt.

8.2.1 LITHOGRAFISCHE VERFAHREN

Für die Strukturübertragung gibt es zwei prinzipielle Möglichkeiten:

1. Projektionsverfahren, wobei die gewünschte Struktur mittels einer Maske übertragen wird (z.B. Lichtoptische Lithografie inklusive Step&Repeat Verfahren, Röntgenstrahllithografie, Ionenprojektionslithografie)

2. Direktschreibeverfahren, wie z.B. Ionenstrahllithografie, Elektronenstrahllithografie

Die verschiedenen Verfahren in einer Kurzbeschreibung:

Lichtoptische Lithografie ist das am meisten verwendete Verfahren. Es werden Lichtquellen von 200-450nm Wellenlänge, also teilweise bis in den tiefen UV-Bereich hinein, verwendet. Mit zunehmender Wafergröße und kleineren Strukturen wurde von Ganzscheibenbelichtung auf Step&Repeat-Verfahren übergegangen. Die Nachteile des letztgenannten Verfahrens liegen im geringeren Durchsatz (der maximal bei 30-40Wafern/h liegen kann) und in der Fehlervervielfachung (d.h. Defekte durch Staubpartikel an einer Stelle der Maske können entsprechende Chips auf dem ganzen Wafer unbrauchbar machen). Viele Waferstepper arbeiten mit einer 10:1 Projektion, wodurch die Maskenerstellung vereinfacht wird. Lichtoptische Verfahren können (mit entsprechendem Aufwand) für Auflösungen bis herunter zu 0,5-0,7um verwendet werden.

Ein anderes weitverbreitetes lichtoptisches Lithografieverfahren arbeitet mit einer Reflexionsoptik (z.B. Micralign von Perkin-Elmer). Erreichbare Auflösung bei neuesten Geräten dieser Art liegt bei ca 1,25um bei einem Durchsatz von 100Wafern/h. Die Auflösung kann durch die Verwendung von kurzwelliger UV-Strahlung noch etwas verbessert werden.

Elektronenstrahllithografie benutzt den gebündelten Elektronenstrahl (0,1um) zur Direktbelichtung entsprechend sensitiver Resists. Der Durchsatz dieser, nach dem Scan-Prinzip, im Vakuum arbeitenden Verfahren hängt von der Auflösungsgrenze und der zu belichtenden Fläche ab und ist mit max. 10 Wafern/Stunde relativ gering. Spitzengeräte erreichen Auflösungen von weniger als 0,1um. Eine besondere Bedeutung hat die Elektronenstrahldirektbelichtung bei der Fast-Turnaround Prototypenfertigung im Semicustombereich erlangt.

Ionenstrahllithografie verwendet Ionenstrahlen anstelle der leichteren Elektronen. Die Resists sind empfindlicher bei der Disposition mit Ionenstrahlen, außerdem ergeben sich Vorteile hinsichtlich der Streuung der Ionen im Resist. Auflösung und Durchsatz liegen in ähnlichen Größenordnungen wie bei der E.-Lithografie. Bei der I.-Lithografie existieren noch Probleme im Bereich der Strahlerzeugung, der "Ionen-Optik" und einer entsprechenden Maskentechnologie. Die I.-Lithografie befindet sich noch im Laborstadium.

Mit der Röntgenstrahllithografie können ebenfalls Strukturen bis herab zu 0,1um abgebildet werden. Da eine Ganzscheibenbelichtung vorgenommen werden kann, ist der Durchsatz entsprechend hoch. Die Probleme liegen derzeit noch bei der Realisierung einer geeigneten, preisgünstigen Röntgenquelle und bei der Entwicklung einer geeigneten Maskentechnologie, da im Röntgenbereich die Materialkontraste weitaus weniger stark ausgeprägt sind. Das Verfahren ist noch nicht serienreif, erste Geräte werden jedoch spätestens 1989 erwartet.

Die wesentlichsten Eigenschaften der verschiedenen lithografischen Methoden sind in Tabelle 8.1 kurz dargestellt. Eine kennzeichnende Maßzahl bei der Beurteilung lichtoptischer Verfahren (die heute noch weitestgehend Verwendung finden) ist die numerische Apertur NA des Linsensystems. Sie ist ein Maß für die Abbildungseigenschaften der Linse und liefert über die Beziehungen

l min = *Lambda* / *NA* (in praxi 0,8 * *Lambda*/*NA*)

t = *Lambda* / (2 * (*NA* Exp 2))

Aussagen über die minimal abbildbare Länge und über die Tiefenschärfe eines Systems. Weiterhin erkennt man, daß mit kleineren Wellenlängen Lambda die Auflösung gesteigert, die Tiefenschärfe aber verringert wird. Heutige Linsensysteme bringen bei einer Wellenlänge von 436nm eine Auflösung von ca. 0,8um bei einer Tiefenschärfe von 1,5um. Bessere Auflösungen im Bereich von 0,7um können durch Verwendung einer geringeren Wellenlänge (üblich 365nm - I-Linie des Quecksilberdampfspektrums) erreicht werden /8.1/. Durch die Verwendung eines Excimer-Lasers konnten bei extrem kurzwelligem Licht (248nm) schon Auflösungen von 0,25um demonstriert werden.

Die Linienbreite läßt sich aufgrund von Toleranzen (Stepperjustage, Masken- und Prozeßeinflüsse) nicht beliebig genau reproduzieren. Linienbreiten sind bei derzeitigen lichtoptischen Verfahren auf etwa 30-40% genau reproduzierbar.

Zusammenfassend kann gesagt werden, daß heute bis zu Strukturen um 0,8um vorwiegend lichtoptische Verfahren, insbesondere Waferstepper (5:1, 10:1) bei Wellenlängen von 436nm (G-Line) eingesetzt werden. Für besondere Anforderungen wurden auch Mischlithografieverfahren, d.h. die Kombination von lichtoptischer und Elektronenstrahllithografie, bereits eingesetzt (Auflösung bis 0,5um) /8.2/.

Der allgemeine Trend geht zur Verwendung von kürzeren Wellenlängen. Bis 1989 wird der Einsatz von Steppern für 365nm (Auflösung >0,7um) erwartet und um 1991 sollen Geräte für den tiefen UV-Bereich verfügbar sein, die eine Auflösung um 0,5um erwarten lassen. Excimer-Laser-Photostepper, die mit Wellenlängen im Bereich um 190-250nm arbeiten, werden nur als Interimslösung bis zur Einsatzfähigkeit der Röntgenlithografie angesehen. Der serienmäßige Einsatz der Röntgenstrahllithografie wird für ca. 1994/95 erwartet, obwohl bereits heute von vielversprechenden Prototypenlösungen /8.3,8.4/ berichtet wird.

Maskentechnik

Masken wurden früher ausschließlich in mehreren Verkleinerungsschritten auf lichtoptischem Wege hergestellt. Hierfür wurden lichtoptische Patterngeneratoren verwendet. Heute werden zunehmend Elektronenschreiber, eine dem Rasterelektronenmikroskop ähnlichen Apparatur, für die Maskenherstellung benutzt. Es werden Auflösungen bis zu 0,15um erreicht.

Besondere Anforderungen an die Maskentechnik stellt die Röntgenstrahllithografie. Neben einer hohen Maßhaltigkeit wird ein gutes Kontrastverhalten und eine entsprechende Stabilität gegen Umwelteinflüsse verlangt. Da maximale Maskendicken von <3um bei Durchmessern von 4 Zoll und mehr angestrebt werden, ist die Auswahl eines geeigneten Materials sehr schwierig; favorisiert werden derzeit aufgrund der guten Verarbeitbarkeit Silizium sowie Siliziumkarbid und -nitrid als Maskenträger und z.B. Gold als Absorber.

8.2.2 RESISTS

Die photoempfindliche Schicht (Resist) hat die Aufgabe, die belichtete Struktur möglichst konturenscharf auf dem Substrat abzubilden. Resists spielen außerdem bei Lift-Off-Prozessen eine große Rolle (Abhebetechniken ermöglichen die Herstellung von feinen, scharf begrenzten Leiterstrukturen, siehe Kap.3.3.2.4.).

Man unterscheidet sogenannte Negativ-Resists (belichtete Flächen bleiben nach dem Auswaschen mit einem Solvent stehen) und Positiv-Resists. Für die verschiedenen Belichtungsverfahren gibt es passende Resists, deren Empfindlichkeit für den entsprechenden Wellenlängenbereich optimiert ist (300-400nm/UV, 200nm/Deep UV, 40-200nm/X-Ray sowie spezielle Resists für die Ionen- und Elektronenstrahllithografie).

Wesentliche Anforderungen an ein Resist sind das Auflösungsvermögen, die Kompatibilität zu nachfolgenden Prozessen (Ätzbeständigkeit, Temperaturfestigkeit, Haftfähigkeit) sowie bestimmte optische Eigenschaften (Transmissivität, Unterdrückung stehender Wellen). Weiterhin soll das Resist nach dem Auswaschen oder Erhitzen nicht verlaufen, die Ränder sollen scharf begrenzt bleiben.

Außerdem soll der Prozeßschritt möglichst einfach sein und einen hohen Durchsatz garantieren (deshalb werden z.B. Resists, die sich "trocken", also in einem Gasplasma entwickeln lassen, favorisiert).

Bei UV-Verfahren werden derzeit Einlagen-Resists bis zur lum Grenze eingesetzt, E-Beam-Resists ermöglichen Auflösungen bis herab zu 0,lum. Bei der Entwicklung neuer Resists wird insbesondere versucht, einen möglichst guten Kompromiß zwischen Auflösung, Empfindlichkeit und Reflexion zu erzielen.

Die vielfältigen Anforderungen zukünftiger Prozesse haben zur Entwicklung von komplexen Resistsystemen, den Mehrlagenresists, geführt. Mit Mehrlagenresists können stehende Wellen unterdrückt und die Auflösung erhöht werden. Die obere dünnere Resistschicht (200-400nm) ist hinsichtlich der Empfindlichkeit optimierbar, während die untere Schicht z.B. an die Erfordernisse eines nachfolgenden Ätzprozesses (Ätzrate) angepaßt werden kann. Durch die untere, dickere Schicht ergibt sich außerdem ein positiv zu bewertender Planarisierungseffekt. Durch dieses Verfahren können Strukturen mit einem erheblich größeren Höhe-/Breite-Verhältnis als bei Einlagenresists erzielt werden. Dies ist z.B. für Leiterstrukturen wichtig, bei denen trotz kleinerer Breite der Leiterquerschnitt erhalten werden soll. Gängige Schichtdicken bei Mehrlagenresists können bis über 2um betragen, während bei Einlagenresists nur Dicken von ca. lum üblich sind. Mehrlagenresists sind allerdings von der Prozeßkomplexität her aufwendiger.

8.3 SCALING / TRENDS

Aufgrund der relativ einfachen Struktur konnten die elektrischen Eigenschaften von MOSFET bei Verkleinerung der Abmessungen problemlos abgeschätzt werden. Allerdings treten bei Kanallängen um lum parasitäre Effekte stärker in den Vordergrund, sodaß einfache Scaling-Gesetze nur bedingt zur

Vorhersage herangezogen werden können.

Die Skalierung der Chipverdrahtung folgt bei maßstäblicher Verkleinerung von Höhe und Länge um den Faktor a folgenden Regeln:

Kapazität	*C*	*C/a*
Widerstand	*R*	*R*a*
Zeitkonstante *R*C*	*tau*	bleibt gleich
Stromdichte	*J*	*J*a*

Vorausgesetzt wird hier, daß die Isolationsschicht zwischen Leiter und Substrat ebenfalls um den Faktor a dünner wird. Aus der Betrachtung ergibt sich, daß die Zeitkonstante, und damit auch die Laufzeit, sich bei Skalierung nicht verändern. Es ist also absehbar, daß bei immer schnelleren Transistoren die Verdrahtung der geschwindigkeitsbestimmende Faktor wird, wenn diese im gleichen Maßstab mit verkleinert wird. Bei der Verdrahtung von VLSI-Schaltungen werden deshalb immer häufiger Metall-Silizium-Verbindungen (Silicid) anstelle der hochohmigeren Polysiliziumbahnen eingesetzt. Andere Möglichkeiten bestehen darin, die kapazitive Komponente zu verringern, indem ein dickerer Isolator verwendet wird .

Ein weiteres Problem ist die steigende Stromdichte und der dann verstärkt auftretende Elektromigrationseffekt bei skalierten Al-Leiterbahnen. Eine Möglichkeit, den notwendigen Leiterquerschnitt zu erhalten, besteht darin, bei geringerer Leiterbreite und damit kleinem 'metal pitch' eine größere Leiterhöhe zu verwenden. Der durch die Elektromigration verursachte Materialtransport ist für die meisten Schaltungen primär ein Lebensdauerproblem.

Die Verkleinerung von MOSFET läßt sich bei Constant-Field-Scaling (Geometrie und Versorgungsspannung skaliert um den Faktor a vergröbert nach folgenden Regeln abschätzen:

Kanallänge	*l*	*l/a*
Dotierungsgrad	*N*	*a*N*
Dotiertiefen	*q*	*l/q*
Gateoxiddicke	*d*	*d/a*
Betriebsspannung	*U*	*U/a*

Integrationsdichte	*D*	*D*a* Exp 2
Gatterverzögerung	*t*	*t/a*
Gatterverlustleistung	*p*	*p/(a* Exp 2)
Kanalwiderstand	*R on*	bleibt
Kapazitäten	*C*	*C/a*
Drainstrom	*Id*	*Id/a*
Stromdichte	*J*	*J*a*
Power-Delay-Produkt	*PD*	*PD/(a* Exp 3)

Constant Field Scaling hat den Vorteil, daß feldstärkebedingte Parasitäreffekte kaum zum Tragen kommen, allerdings muß die Versorgungsspannung mit verkleinert werden. Nach dieser Skalierungsmethode bleibt der Leistungsverbrauch pro Chip konstant, da sich Gatterverluste und Integrationsdichte genau gegenläufig bewegen. Der größte Anreiz für eine Skalierung dürfte die exponentielle Verbesserung des Power-Delay-Produkts sein. Da sowohl der Drainstrom als auch Spannungsabfälle sich um den gleichen Faktor a verringern, bleibt der Kanalwiderstand bei obiger Betrachtung konstant.

Die Auswirkungen der Strukturverkleinerung auf die elektrischen Eigenschaften von MOSFET sind in Kap.1 näher geschildert. Die durch parasitäre Effekte verursachten Grenzen sind hier zusammengefaßt:

Kanallängen	min. 0,25um	Kurzkanaleffekte
Gateoxiddicke	min. 5 nm	Fowler-Nordheim- und Direktdurchtunnelung
Dotiertiefen	min. 0,1um	Feldprobleme im Kantenbereich
Stromdichte	max. ca 10E7A/cm2	Elektromigration
Integrationsdichte	2,5*10E7 Gates/cm2	nach Folberth, aufgrund min. phys. Erfordernisse (Dicke der Raumladungszonen u.a.)

Heutige 4 Mbit DRAM-Technologie, die als repräsentativ für fertigbare Submikron-Technik angesehen werden kann, weist effektive Gatelängen von 0,8-0,9um (NMOS) bei Gateoxid-Dicken von 20nm und Dotiertiefen von 0,25-0,35um auf, wobei für die kommende 16 Mbit DRAM Technologie effektive Gate-Längen im

Bereich von 0,5-0,6um bei Gateoxid-Dicken um 10 nm angestrebt werden (damit die angestrebten Packungsdichten gehalten werden können; heutige 4 Mbit DRAMS besitzen bereits Chipflächen bis zu 136mm2). Die Wannentiefen werden sich auf etwa 1,5um bei Dotiertiefen für n+/p+ - Gebiete von ca. 0,15um reduzieren. Diese Daten zeigen, daß noch etwas Spielraum bis zur Erreichung o.a. theoretischer Grenzen besteht. Die Skalierung bipolarer Schaltungen erweist sich wegen verschiedener Unwägbarkeiten als noch problematischer. Einige Skalierungsregeln für den ECL-Bereich seien dennoch angegeben (Geometrische Verkleinerung der relevanten Strukturen um den Faktor a)

Basisweite	*Bw*	*a Exp 0.8*
Basisdotierungsgrad	*Nb*	*1/Bw Exp 2*
Kollektorstromdichte	*Jc*	*1/a Exp 2*
Kollektordotierungsgrad	*Nc*	*Jc*
Schaltzeit	*t*	*t/a*

Bei der Skalierung von Bipolarschaltungen bleibt die Versorgungsspannung praktisch konstant, da die Basis-Emitterspannungen der Transistoren nur geringen Änderungen unterworfen sind.

Die Verbesserung des Power-Delay-Produkts bei Bipolarschaltungen ist wesentlich von der Verkleinerung der Basisweite, der Verringerung der parasitären Bahnwiderstände und der Kapazitäten abhängig (siehe auch Kap.4).

Tabelle 8.1 Zusammenstellung verschiedener lithografischer Verfahren

Typ	Auflösung	Durchsatz	Status
Step&Repeat Optische Lithogr.	0.5um (Pilot Linie) 0.7um (Produktion)	bis zu 30-50 Wafer/h	S
X-Ray-Stepper	0.2 um	bis zu 60 W/h	P
E-Beam-Lithografie	0.1 um	bis zu 10 W/h	S
I-Beam-Lithografie	0.1 um	-	P

Anm.: P=Prototypenstatus, S=in Produktion

9 LITERATURNACHWEIS

/1.1/ JEDEC Standard No.8 and No. 8.1
Electronic Industries Association, Washington DC

/1.2/ Chou/Simonsen
Chip Voltage: Why less is better
IEEE Spectrum April 1987, P. 39ff.

/1.3/ Ruge/Zeisler
Degradationseffekte bei Kurzkanaltransistoren durch die Injektion heißer Ladungsträger in das Gate-Oxid
NTZ Archiv 1986, Heft 8, S. 191ff.

/1.4/ Duvvury
A Guide to Short-Channel-Effects in MOSFETs
IEEE Circuit and Devices Magazine Nov. 1986, P. 6ff.

/1.5/ Lee/Szeto
Zipper CMOS
IEEE Circuit and Devices Magazine May 1986, P. 10ff.

/1.6/ Lerner
ICs Nudging the Submicron Geometry Limit
Electronics Week 10.12.1984, P. 51ff.

/1.7/ A Comparison of Retrograde and Conventional N-Wells for Sub-Micron CMOS Circuits
ESDERCC 1987, P. 581ff.

/2.1/ Cole
Mixed process chips are about to hit the big time
Electronics 3.3.1986, P. 27ff.

/2.2/ Cole
Is BICMOS the next technology driver
Electronics 4.2.1988, P. 55ff.

/2.3/ LSI-Logic arrays boost both drive and density
Electronics 4.2.1988, P. 63ff.

/2.4/ BICMOS technology
Toshiba electron device news 1986, P. 27ff.

/2.5/ Lin/Spohn
Fast low-power logic array unites CMOS and Bipolar
Electronic design 16.4.1987, P. 82ff.

/2.6/ Cohen
NEC's BICMOS array shutters record
Electronics 6.8.1987, P. 82ff.

/2.7/ How Motorola moved BIMOS up to VLSI-levels
Electronics 10.7.1986, P. 67ff.

/2.8/ High-reliability, radiation-hardened CMOS/SOS
Standard Cell family
RCA-Corporation 1986 (Booklet No RHC-750)

/2.9/ Next-Generation SOI moves to challenge SOS
Electronic engineering Feb. 1987, P. 8ff

/2.10/ Tsaur
Zone-Melting-Recrystallisation Silicon-on-Insulator Technology
IEEE Circuits and Devices Magazine
July 1987, P. 12 ff

/2.11/ Steinberger
3D-ICs: Entwicklungstrends
Elektronik 04.03.88, S. 83 ff

/2.12/ Nakashima et.al.
High-Voltage CMOS SIMOX Technology and its
Application to a BSH-LSI
IEEE Transactions on Electron Devices
Vol ED-33 No. 1 Jan. 1986, P. 126 ff

/3.1/ Kellner
Digitale GaAs-Schaltkreise - Stand und Perspektiven
Mikroelektronik Nov./Dez. 1987, S. 64 ff

/3.2/ Einspruch/Wissemann
GaAs Microelectronics
Academic Press Inc. 1985

/3.3/ Rode/Roper
Gallium Arsenide Digital IC Processing -
A Manufacturing perspective
Solid State Technology Feb.1985, P. 209 ff

/3.4/ Rocci
GaAs digital ICs for Computer Applications
Conference on Computer Technology 1987, P. 558 ff

/3.5/ NN
32-Bit-Prozessor in GaAs
Genschow Techn. Informationsdienst Nr. 5, Mai 1988

/3.6/ Beneking
III-V Bipolar Devices
Solid State Devices 1985 (ESDERC), p. 1 ff

/3.7/ Gault et.al
The Production of high quality III-V compound
semiconductor crystals
AT&T Technical Journal July/Aug. 1986, P. 86 ff

/3.8/ Singer
Crystal growing trends
Semiconductor International Aug. 1986, P. 49 ff

/3.9/ Burggraaf
The "growing" importance of MOCVD
Semiconductor International Nov. 1986, P. 46 ff

/3.10/ Singer
GaAs on Silicon
Semiconductor International Apr. 1987, P. 71 ff

/4.1/ Wiedmann, Heuber
A 25ns 8kx8 static MTL/I2L RAM
ISSCC 1983, P. 10

/4.2/ Washio u.a.
A 48ps ECL in a selfaligned bipolar technology
ISSCC 1987, P. 58

/4.3/ Ning, Tang
Bipolar Trends
Proceedings of the IEEE
Vol.74 No.12. 1986, P. 1669ff.

/4.4/ Ning
History, prenet trends and scaling of silicon bipolar technology
ESSDERC 1987, P. 277ff.

/4.5/ Roche et.al.
An advanced bipolar process using trench isolation and polysilicon emitter for high-speed VLSI
ESSDERC 1987, P. 507

/4.6/ Sakai et.al.
Very high speed bipolar LSI-processtechnology:SST
Review of the electrical communication laboratories (NTT)
Vol.35,No.4 1987, P. 359ff.

/4.7/ Wieder
Self-aligned bipolar technology
Siemens Forschungs- und Entwicklungsberichte
Bd. 13 Nr.5, S. 246ff

/4.8/ Goto et.al.
Trench isolation schemes for bipolar devices
ESSDERC 1987, P. 369ff.

/4.9/ Solomon et.al.
Bipolar circuit scaling
ISSCC Digest Technology Papers 1979, P. 8

/4.10/ Folberth
Möglichkeiten und Grenzen der Integration
NTG-Fachbericht Bd.86 1984, S. 5ff.

/4.11/ Marrin
ECL gate arrays emerge as speed and density contenders
Computer Design, October 1986, P. 31ff.

/5.1/ Wagner
Applikationsspezifische integrierte Schaltungen - trotzdem Produktionsqualität?
Der Elektroniker No.11/1987, S. 76ff.

/5.2/ Ramacher
Wege zur Großintegration - Diskrete und redundante Wafer-Scale Integration
ITG Fachbericht 98, Baden-Baden 1987, S. 81ff.

/5.3/ Levinstein et al.
Multichip Packaging Technologie fo VLSI based Systems
ISSCC 1987, P. 224/225

/5.4/ Reichl
Zukünftige Bedeutung von Multichip Moduln in der Systemtechnik
Mikroelektronik Bd.2 1988, Heft 1

/5.5/ Gheewala
Packages for Ultra-High Speed GaAs IC's
IEEE Gallium Arsenid Integrated Circuit Symposium 11/1984

/5.6/ Reichl/Bleicher
SMT/ASIC 1988
Heidelberg: Hüthig 1988

/5.7/ Reichl/Eder/Bleicher
SMT/ASIC 1989
Heidelberg: Hüthig 1989

/6.1/ K. Goser, K. Schumacher:
Automatischer VLSI-Entwurf oder integrationsgerechter Systementwurf
ntz Bd.39, Heft 2 1986, S. 82-86

/6.2/ K. Kaiser, W. Schäfer:
Kundenschaltkreise in der Nachrichtentechnik
net Bd.39, Heft 12 1985, S. 468-473

/6.3/ K. Hauptmann, W. Schäfer
Schritt für Schritt, ASIC-Design mit Workstations
elektronikpraxis Vol.22, Heft 2 1987, S. 104-112

/6.4/ VLSI Design Staff
Survey on CAE Systems
VLSI Systems Design June 1987, P. 51-77

/6.5/ Rammig, Franz J.
Multilevel Simulation Techniques
COMPEURO '87, Proceedings, P. 188

/6.6/ Höfer/Nielinger
SPICE
Springer Verlag Berlin, Heidelberg, New York, Tokio 1985

/6.7/ Spiro, Hans
Simulation integrierter Schaltungen durch universelle Rechnerprogramme
R. Oldenbourg Verlag München, Wien 1985

/7.1/ U.Frank
Die Systematische Partitionierung digitaler Schaltungen für Testzwecke
VDI Verlag GmbH, Düsseldorf 1986

/7.2/ T. W. Williams
VLSI Testing, Chapter 4: Design for Testability
North Holland, 1986

/7.3/ Jacomet, Reber
Entwurfsmethoden für testbare Schaltungen
Design & Elektronik, Heft 24 24.11.1987, S. 118 - 127

/8.1/ Stover
Frontiers of Optical Lithography
Solid State Technology, January 1987, P. 53

/8.2/ 0,5um Lithografie für GaAs-IC
ntz Bd.39 H.9 1986, S. 609

/8.3/ ICs: 0,2 Mikrometer in Sicht (NEC)
Genschow Technischer Informationsdienst
Ausgabe B Nr.47-1987

/8.4/ Ricker
Röntgenlithografie - Übersicht und aktuelle Probleme
NTG-Fachberichte 98 - Großintegration, 1987, S. 119ff.

Hüthig

W. Kern (Hrsg.)

Anwendungsspezifische integrierte Schaltungen

Design und Einsatz von Semicustom IC

1986, 165 S., 70 Abb., 7 Tab.,
kart., DM 68,—
ISBN 3-7785-1128-9

Design von IC war bisher ausschließlich Aufgabe der entsprechenden Spezialisten bei den Halbleiterherstellern. Nun sind auch die Anwender aufgerufen, teilweise oder vollständig das Design ihrer spezifischen Bausteine durchzuführen. Leistungsfähige Rechnerunterstützung mit anwenderfreundlichen Programmen und eine moderne Bauelemente-Technologie bieten hierfür sehr günstige Voraussetzungen.

In dem vorliegenden Buch beschreibt ein Team erfahrener Mitarbeiter von Valvo, Hamburg, den gesamten Designvorgang für CMOS Semi Custom IC, von der Auswahl der geeigneten Technologie bis zum fertig verdrahteten IC. Der Elektronikentwickler beim Anwender oder der Student auf der Hochschule kann sich anhand des gewählten Beispiels im Detail und praxisnah mit den einzelnen Designphasen vertraut machen und lernt ebenfalls, die kommerziellen Konsequenzen der monolithischen Integration einer vorhandenen Lösung abzuschätzen.

Hüthig Buch Verlag
Im Weiher 10
6900 Heidelberg 1

Maximilian Bleicher

Halbleiter-Optoelektronik

1985, 254 S., 182 Abb., 19 Tab.,
kart., DM 54,—
ISBN 3-7785-1138-6

Die Halbleiter-Optoelektronik hat im Gegensatz zu den Bauelementen der Mikroelektronik in den letzten Jahren keine spektakulären Fortschritte erzielt. Dies liegt darin begründet, daß die Einsatzmöglichkeiten, sieht man von den LED ab, nicht so vielseitig sind und daher von den einzelnen Ausführungen wesentlich kleinere Stückzahlen benötigt werden.

Dies dürfte sich allerdings sehr bald ändern, da durch die Einführung der optischen Nachrichtenübertragung, der Breitbandkommunikation mittels optoelektronischer Komponenten, aber vor allem auch durch den verstärkten Einsatz bei verschiedenen Konsumgütern, wie z. B. bei compact-disc, deren Abspielsysteme mit Halbleiterbauelementen stark ansteigen wird.

Das Buch vermittelt den Lesern, die mit den Grundlagen der Halbleiterphysik vertraut sind, eine Übersicht über die Wirkungsmechanismen und über die neuesten Entwicklungen der Bauelemente, die auf der Wechselwirkung zwischen Licht und Elektronen beruhen.

Aus dem Inhalt

Optische Strahlung · Strahlungsabsorption im Halbleiter (Generationsprozeße) · Strahlungsmission aus Halbleitern (Rekombisationsprozesse) · Der pn-Übergang · Detektoren · Lumineszenzdioden (LED) · Laserdioden · Ausgewählte spezielle Halbleiter und Bauelemente der Optoelektronik · Optische Nachrichtenübertragung · Ausgewählte Daten einiger Halbleitermaterialien

Hüthig

Hüthig Buch Verlag
Im Weiher 10
6900 Heidelberg 1

Hüthig

Wolfgang Schäfer, Georg Terlecki

Halbleiterprüfung

Licht- und Rasterelektronenmikroskopie

1986, 259 S., 167 Abb., 12 Tab.,
geb., DM 96,—
ISBN 3-7785-1007-X

Das vorliegende Buch gibt einen Überblick über lichtoptische und rasterelektronenmikroskopische Untersuchungsmöglichkeiten für die Halbleitertechnik.

Neben den zum Verständnis notwendigen physikalischen Grundlagen der unterschiedlichen Gerätekonzeptionen wird detailliert auf die Anwendungsmöglichkeiten im Rahmen der Halbleitertechnik eingegangen. Ein Ausblick auf die zukünftige Entwicklung in der Gerätetechnik – speziell im Hinblick auf Halbleiteruntersuchungen – schließt die Betrachtungen ab.

Bei der Konzeption des Buches wurde insbesondere Wert darauf gelegt, eine für die Praxis nützliche Zusammenstellung möglicher Untersuchungsverfahren für die Halbleitertechnik vorzulegen. Eine Beschränkung auf Lichtoptik und Rasterelektronenmikroskopie bot sich gerade deshalb an, weil diese Geräte in Forschung, Entwicklung und Qualitätssicherung am weitesten verbreitet sind und eine vielseitige Nutzung ermöglichen. In diesem Zusammenhang kann das breitet sind Buch auch dem Studenten, insbesondere an Fachhochschulen, einen nützlichen Einblick in neuere Untersuchungspraktiken mit Hilfe licht- und rasterelektronenmikroskopischer Verfahren bieten.

Hüthig Buch Verlag
Im Weiher 10
6900 Heidelberg 1